NCS 기반

위험물 관리

오 태 선 지음

도서출판 동화기술

머리말

저자는 대학에서 환경 및 화학 관련 과목을 강의하면서 인류가 지키지 않으면 후손에게 물려줄 지구 환경에 치명적인 영향을 끼칠 수도 있다는 생각에 화학물질의 중요성을 인식하게 되었고, 화학물질의 위험성 문제는 대학생뿐 아니라 일반인들도 상식적으로 알아야 할 위험물에 대한 기본적인 사항을 소개하고자 한다.

위험물 관리는 위험물 관리법에서 엄격하게 다뤄지고 있지만 현장에서는 위험물 취급 부주의와 잘못된 지식으로 위험물과 관련된 사고가 끊이지 않고 있는 실정이다.

이 책은 대학에서 위험물 관리 과목을 국가직무능력 표준(NCS)모듈을 활용하여 가르치면서 국가직무능력 표준(NCS)모듈에서 부족한 점을 보완하고 이를 위험물 관리 보조교육자료로 활용하고자 한다.

현대 산업사회에서는 인구의 증가와 집중, 산업의 발전, 소비 증대에 따라 에너지·수자원·토지·각종 자원 등의 수요가 급격히 증대하였다. 이에 따라 막대한 양의 매연·오폐수·폐기물·유독화합물·소음 및 진동·방사능물질 등이 배출되고 있고 삶의 질 향상과 더불어 경제가 발전함에 따라 더욱 심화되어 그 지역의 자연 생태를 파괴하고 생물의 생존을 위협하며, 자연 자원의 고갈, 악화를 더욱 촉진하여 인간의 생활환경을 위협하고 있다. 이에 본 교재는 화학물질의 독성 및 유해성을 다룬 위험물 관리에 대한 일반인들로 알아야 할 주요사항을 알기 쉽게 서술하였다.

이 책은 위험물 관리에 대한 이해를 돕기 위해 비전문가를 대상으로 전문적인 단어를 최소화하고, 쉽고 다양한 내용을 기술하고 위험물 관리 문제에 대한 일반적인 내용을 소개하다 보니 다소 미흡한 부분이 있다.

끝으로 이 책의 출간을 위해 노력해주신 여러분께 감사드리며 보완이 필요하거나 설명이 부족한 부분에 대해서는 아낌없는 조언을 부탁드립니다.

위험물산업기사

1. 기본정보

위험물을 발화성, 인화성, 가연성, 폭발성 때문에 사소한 부주의에도 커다란 재해를 가져올 수 있다. 또한 위험물의 용도가 다양해지고, 제조시설도 대규모화되면서 생활공간과 가까이 설치되는 경우가 많아짐에 따라 위험물의 취급과 관리에 대한 안전성을 높이고자 자격제도를 제정한다.

2. 수행직무

소방법 시행령에 규정된 위험물의 저장, 제조, 취급조에서 위험물을 안전하도록 취급하고 일반작업자를 지시·감독하며, 각 설비 및 시설에 대한 안전점검 실시, 재해 발생 시 응급조치 실시 등 위험물에 대한 보안, 감독 업무를 수행한다.

3. 진로정보

① 위험물(제1류~제6류)의 제조, 저장, 취급 전문업체에 종사하거나 도료제조, 고무제조, 금속제련, 유기합성물제조, 염료제조, 화장품제조, 인쇄잉크제조업체 및 지정수량 이상의 위험물 취급업체에 종사할 수 있다.

② 산업체에서 사용하는 발화성, 인화성 물품을 위험물이라 하는데 산업의 고도성장에 따라 위험물의 수요와 종류가 많아지고 있어 위험성 역시 대형화 되어가고 있다. 이에 따라 위험물을 안전하게 취급·관리하는 전문가의 수요는 꾸준할 것으로 전망된다. 또한 위험물 관리 산업기사의 경우 소방법으로 정한 위험물 제1류~제6류에 속하는 모든 위험물을 관리할 수 있으므로 취업영역이 넓은 편이다.

4. 취득방법

① 시행처 : 한국산업인력공단

② 관련학과 : 전문대학 및 대학의 화학공업, 화학공학 등 관련학과

③ 시험과목
- 필기 : 1. 일반화학, 2. 화재예방과 소화방법, 3. 위험물의 성질과 취급
- 실기 : 위험물 취급 실무

④ 검정방법
- 필기 : 객관식 4지 택일형, 과목당 20문항(과목당 30분)
- 실기 : 필답형(2시간)

⑤ 합격기준
- 필기 : 100점을 만점, 과목당 40점 이상, 전 과목 평균 60점 이상
- 실기 : 100점을 만점으로 하여 60점 이상

출제기준(필기)

직무 분야	화학	중직무 분야	위험물	자격 종목	위험물 산업기사	적용 기간	2020.1.1.~2024.12.31.

○ 직무내용 : 위험물을 저장·취급·제조하는 제조소등에서 위험물을 안전하게 저장·취급·제조하고 일반 작업자를 지시 감독하며, 각 설비에 대한 점검과 재해 발생 시 응급조치 등의 안전관리 업무를 수행하는 직무이다.

필기검정방법	객관식	문제 수	60	시험시간	1시간 30분

필기 과목	출제 문제	주요항목	세부항목	세세항목
일반화학	20	1. 기초 화학	1. 물질의 상태와 화학의 기본법칙	1. 물질의 상태와 변화 2. 화학의 기초법칙
			2. 원자의 구조와 원소의 주기율	1. 원자의 구조 2. 원소의 주기율표
			3. 산, 염기, 염 및 수소이온농도	1. 산과 염기 2. 염 3. 수소이온농도
			4. 용액, 용해도 및 용액의 농도	1. 용액 2. 용해도 3. 용액의 농도
			5. 산화, 환원	1. 산화 2. 환원
		2. 유·무기 화합물	1. 무기화합물	1. 금속과 그 화합물 2. 비금속 원소와 그 화합물 3. 무기화합물의 명명법 4. 방사성원소
			2. 유기화합물	1. 유기화합물의 특성 2. 유기화합물의 명명법 3. 지방족 화합물 4. 방향족 화합물
화재예방과 소화방법	20	1. 화재예방 및 소화방법	1. 화재 및 소화	1. 연소이론 2. 소화이론 3. 폭발의 종류 및 특성 4. 화재의 분류 및 특성
			2. 화재예방 및 소화방법	1. 각종 위험물의 화재 예방 2. 각종 위험물의 화재 시 조치방법
		2. 소화약제 및 소화기	1. 소화약제	1. 소화약제 종류 2. 소화약제별 소화 원리 및 효과
			2. 소화기	1. 소화기별 종류 및 특성 2. 각종 위험물의 화재 시 조치방법

필기 과목	출제 문제	주요항목	세부항목	세세항목
		3. 소방시설의 설치 및 운영	1. 소화설비의 설치 및 운영	1. 소화설비의 종류 및 특성 2. 소화설비 설치기준 3. 위험물별 소화설비의 적응성 4. 소화설비 사용법
			2. 경보 및 피난설비의 설치기준	1. 경보설비 종류 및 특징 2. 경보설비 설치기준 3. 피난설비의 설치기준
위험물의 성질과 취급	20	1. 위험물의 종류 및 성질	1. 제1류 위험물	1. 제1류 위험물의 종류 및 화학적 성질 2. 제1류 위험물의 저장·취급
			2. 제2류 위험물	1. 제2류 위험물의 종류 및 화학적 성질 2. 제2류 위험물의 저장·취급
			3. 제3류 위험물	1. 제3류 위험물의 종류 및 화학적 성질 2. 제3류 위험물의 저장·취급
			4. 제4류 위험물	1. 제4류 위험물의 종류 및 화학적 성질 2. 제4류 위험물의 저장·취급
			5. 제5류 위험물	1. 제5류 위험물의 종류 및 화학적 성질 2. 제5류 위험물의 저장·취급
			6. 제6류 위험물	1. 제6류 위험물의 종류 및 화학적 성질 2. 제6류 위험물의 저장·취급
		2. 위험물 안전	1. 위험물의 저장·취급·운반·운송방법	1. 위험물의 저장기준 2. 위험물의 취급기준 3. 위험물의 운반기준 4. 위험물의 운송기준
		3. 기술기준	1. 제조소등의 위치구조설비 기준	1. 제조소의 위치구조설비 기준 2. 옥내저장소의 위치구조설비 기준 3. 옥외탱크저장소의 위치구조설비 기준 4. 옥내탱크저장소의 위치구조설비 기준 5. 지하탱크저장소의 위치구조설비 기준 6. 간이탱크저장소의 위치구조설비 기준 7. 이동탱크저장소의 위치구조설비 기준 8. 옥외저장소의 위치구조설비 기준 9. 암반탱크저장소의 위치구조설비 기준 10. 주유취급소의 위치구조설비 기준 11. 판매취급소의 위치구조설비 기준 12. 이송취급소의 위치구조설비 기준 13. 일반취급소의 위치구조설비 기준

필기 과목	출제 문제	주요항목	세부항목	세세항목
			2. 제조소등의 소화설비, 경보·피난설비기준	1. 제조소등의 소화난이도등급 및 그에 따른 소화설비 2. 위험물의 성질에 따른 소화설비의 적응성 3. 소요단위 및 능력단위 산정법 4. 옥내소화전설비의 설치기준 5. 옥외소화전설비의 설치기준 6. 스프링클러설비의 설치기준 7. 물분무소화설비의 설치기준 8. 포소화설비의 설치기준 9. 이산화탄소소화설비의 설치기준 10. 할로겐화합물소화설비의 설치기준 11. 분말소화설비의 설치기준 12. 수동식 소화기의 설치기준 13. 경보설비의 설치기준 14. 피난설비의 설치기준
			3. 기타관련사항	1. 기타
		4. 위험물안전관리법 규제의 구도	1. 제조소등 설치 및 후속절차	1. 제조소등 허가 2. 제조소등 완공검사 3. 탱크안전성능검사 4. 제조소등 지위승계 5. 제조소등 용도폐지
			2. 행정처분	1. 제조소등 사용정지, 허가취소 2. 과징금처분
			3. 정기점검 및 정기검사	1. 정기점검 2. 정기검사
			4. 행정감독	1. 출입검사 2. 각종 행정명령 3. 벌칙
			5. 기타관련사항	1. 기타

출제기준(실기)

직무분야	화학	중직무분야	위험물	자격종목	위험물 산업기사	적용기간	2020.1.1.～2024.12.31.

○ 직무내용 : 위험물을 저장·취급·제조하는 제조소등에서 위험물을 안전하게 저장·취급·제조하고 일반 작업자를 지시 감독하며, 각 설비에 대한 점검과 재해 발생 시 응급조치 등의 안전관리 업무를 수행하는 직무이다.

○ 수행준거 : 1. 위험물 성상에 대한 전문 지식 및 숙련 기능을 가지고 작업을 할 수 있다.
2. 위험물 화재 등 각종 사고 예방을 위해 안전 조치를 취할 수 있다.
3. 산업 현장에서 위험물시설 점검 등을 수행할 수 있다.
4. 위험물 관련 법규에 대한 전반적 사항을 적용하여 작업을 수행할 수 있다.
5. 위험물 운송·운반에 대한 전문 지식 및 숙련 기능을 가지고 작업을 수행할 수 있다.

실기검정방법	필답형	시험시간	2시간

필기과목명	주요항목	세부항목	세세항목
위험물 취급 실무	1. 위험물 성상	1. 위험물의 성질을 이해하기	1. 제1류 위험물 성질을 파악할 수 있다. 2. 제2류 위험물 성질을 파악할 수 있다. 3. 제3류 위험물 성질을 파악할 수 있다. 4. 제4류 위험물 성질을 파악할 수 있다. 5. 제5류 위험물 성질을 파악할 수 있다. 6. 제6류 위험물 성질을 파악할 수 있다.
		2. 위험물 취급하기 및 연소 특성 파악하기	1. 제3류 및 제5류 위험물 취급 방법 및 연소 특성을 설명할 수 있다. 2. 제1류 및 제6류 위험물의 취급 방법 및 연소 특성을 설명할 수 있다. 3. 제2류 및 제4류 위험물의 취급 방법 및 연소 특성을 설명할 수 있다.
	2. 위험물 소화 및 화재, 폭발 예방	1. 위험물의 소화 및 화재, 폭발 예방하기	1. 적응소화제 및 소화설비를 알 수 있다. 2. 화재예방법 및 경보설비 사용법을 이해할 수 있다. 3. 폭발방지 및 안전장치를 이해할 수 있다. 4. 위험물 제조소등의 소방시설 설치, 점검 및 사용을 할 수 있다.
	3. 위험물 시설 기준	1. 위험물 시설 파악하기	1. 위험물 제조소등의 위치, 구조 및 설비에 대한 기준을 파악할 수 있다. 2. 위험물 제조소등의 소화설비, 경보설비 및 피난설비에 대한 기준을 파악할 수 있다.
	4. 위험물 저장·취급 기준	1. 위험물의 저장·취급에 관한 사항 파악하기	1. 유별 저장기준에 관한 사항을 파악할 수 있다. 2. 유별 취급기준에 관한 사항을 파악할 수 있다.

필기 과목명	주요항목	세부항목	세세항목
	5. 관련법규 적용	1. 위험물 안전관리 법규 적용하기	1. 위험물 제조소등과 관련된 안전관리 법규를 검토하여 허가, 완공절차 및 안전 기준을 파악할 수 있다. 2. 위험물 안전관리 법규의 벌칙규정을 파악하고 준수할 수 있다.
	6. 위험물 운송·운반기준 파악	1. 운송·운반 기준 파악하기	1. 운송 기준을 검토하여 운송 시 준수사항을 확인할 수 있다. 2. 운반 기준을 검토하여 적합한 운반용기를 선정할 수 있다. 3. 운반 기준을 확인하여 적합한 적재방법을 선정할 수 있다. 4. 운반 기준을 조사하여 적합한 운반방법을 선정할 수 있다.
		2. 운송시설의 위치·구조·설비 기준 파악하기	1. 이동탱크저장소의 위치 기준을 검토하여 위험물을 안전하게 관리할 수 있다. 2. 이동탱크저장소의 구조 기준을 검토하여 위험물을 안전하게 운송할 수 있다. 3. 이동탱크저장소의 설비 기준을 검토하여 위험물을 안전하게 운송할 수 있다. 4. 이동탱크저장소의 특례 기준을 검토하여 위험물을 안전하게 운송할 수 있다.
		3. 운반시설 파악하기	1 위험물 운반시설(차량 등)의 종류를 분류하여 안전하게 운반할 수 있다. 2. 위험물 운반시설(차량 등)의 구조를 검토하여 안전하게 운반할 수 있다.
	7. 위험물 운송·운반 관리	1. 운송·운반 안전 조치하기	1. 입·출하 차량 동선, 주정차, 통제 관련 규정을 파악하고 적용하여 운송·운반 안전조치를 취할 수 있다. 2. 입·출하 작업 사전에 수행해야 할 안전조치 사항을 파악하고 적용하여 운송·운반 안전조치를 취할 수 있다. 3. 입·출하 작업 중 수행해야 할 안전조치 사항을 파악하고 적용하여 운송·운반 안전조치를 취할 수 있다. 4. 사전 비상대응 매뉴얼을 파악하여 운송·운반 안전조치를 취할 수 있다.

차 례

PART

화재와 소화 1

CHAPTER 1

화재예방 및 소화방법

I 화재 및 소화

(1) 연소이론

1. 연소

물질이 발열과 빛을 동반하는 급격한 산화현상

> **연소**
> 가연성 물질이 점화원에 의해 산소와 반응하여 발열반응에 의해 열을 발생 온도를 높여 원자와 분자의 운동에너지가 증가하게 되고, 운동에너지의 증가는 열복사선이 발생하며 이 열복사선은 온도의 상승에 따라 발열반응을 일으키는 현상
>
> **산화와 환원**
> - 산화는 산소와 화학결합을 하는 현상
>   수소와 전자를 잃는 현상
>   원자가(산화수)가 증가되는 현상
> - 환원은 산화와 반대되는 현상

1.1 발광에 의한 온도

① 적열상태 : 가연물체가 500℃ 부근에서 적색을 나타나는 상태
② 백열상태 : 가연물체가 1,000℃ 부근에서 백색을 나타나는 상태

> **온도별 색깔**
> - 휘백색 : 1,500℃, 백적색 : 1,300℃, 황적색 : 1,100℃, 휘적색 : 950℃, 적색 : 850℃, 암적색 : 700℃, 담암적색 : 520℃
> - 휘백색은 용융로 내부, 백적색은 도자기 가마, 황적색은 보일러

2. 연소의 3요소

2.1 가연물

산화할 때 발열량 크고, 활성화 에너지 많고, 연전도율 낮고, 표면적 넓을 것

> **가연물이 될 수 없는 조건**
> - 주기율표 O족의 원소(He, Ne, Ar, Kr, Xe, Rn)
> - 산화반응이 완결된 산화물(CO_2, SiO_2, Al_2O_3, P_2O_2 등)
> - 질소 또는 질소산화물(흡열반응을 하므로)

2.2 산소 공급원

① 공기 : 공기 중의 산소 부피 백분율 21%, 중량 백분율 23% 존재
② 산화제 : 강산화제(제1류, 제6류 산화성 물질)
③ 자기반응성 물질 : 내부 연소성 물질(제5류 위험물)

> **산소 공급원 = 산화성 물질 = 조연성 물질**

2.3 점화원(활성화 에너지)

① 전기불꽃 : 전기의 + − 합선으로 일어나는 불꽃

$$E = \frac{1}{2}QV = \frac{1}{2}CV$$

(여기서, C : 전기용량, Q : 전하량, V : 방전전압)
② 정전기 불꽃 : 전기의 불량도체 마찰에 의한 전기 불꽃
③ 마찰충격에 의한 불꽃 : 나무와 나무의 마찰에 의한 산불 등

④ 고열물 : 달구어진 쇠붙이
⑤ 단열압축 : 디젤엔진의 전기 불꽃 방전없이 압축 폭발
⑥ 산화열 : 산소와 결합할 때 생성되는 반응열
⑦ 낙뢰 등

≫ 정전기 방지방법

- 접지, 공기이온화, 공기 중 상대습도를 70% 이상으로 할 것

≫ 낙뢰에 의한 화재예방(KS C IEC 62305)

- 돌침 : 건축물의 상부(측면)에 침상, 봉상의 시설물
- 수평도체 : 건축물의 상부(측면)에 수평으로 설치되는 전선 봉
- 메시도체 : 그물 또는 케이지 형태의 전선 봉, 버스의 도체

≫ 낙뢰에 의한 보호범위

- 보호각 : 낙뢰에 의한 보호범위를 일정한 각도에 의해 결정
- 회전구체법 : 구체(공)가 구의 크기(복합건물, 특수건물)
- 메시크기법 : 메시도체 내측 보호범위(건물 상부가 평평한 경우)

3. 연소범위

3.1 인화점

불을 끌어당기는 온도를 말하며 인화성 액체 표면에서 가연성 증기가 발생하는데 그 증기에 점화원을 가했을 때 인화되는 액체의 최저온도

3.2 연소점

연소가 5초 이상 계속적으로 진행되기 위한 온도를 말하며, 일반적으로 인화점보다 10℃ 정도 높다.

3.3 발화점(착화점, 착화온도)

가연물에 화원, 전기불꽃 등의 착화원을 가하지 않아도 스스로 발화 또는 폭발을 일으키는 최저온도

» **착화점이 낮아지는 경우**

- 압력(분자운동 활발), 발열량, 화학적 활성도가 클 때
- 산소와 친화력이 좋을 때
- 분자구조가 복잡할 때
- 접촉 금속의 열전도율이 좋을 때(백금 > 철 > 도자기)
- 습도 및 가스압(압력과 반대)이 낮을 때

» **연소범위(연소한계, 폭발범위, 폭발한계)**

연소에 필요한 가연성 기체와 산소와의 혼합가스 농도범위(점화원에 의해 연소가 진행될 수 있는 가연성 가스와 공기의 혼합가스 중 가연성 가스의 체적%로서 높은 온도를 상한값, 낮은 온도를 하한값이라고 한다.)

4. 위험물의 연소형태

» **정상연소**

상온에서 온도가 10℃ 상승 시 연소속도는 2~3배 증가한다. (아레니우스의 화학반응속도론)

» **비정상연소 : 폭발, 폭굉 현상**

- 폭굉(Detonation) : 연소파의 전파속도가 음속보다 빠른 폭발현상
- 폭굉유도거리(DID) : 최초 완만한 연소가 폭굉까지 발전되는데 필요한 거리

4.1 기체의 연소(발열연소, 불꽃연소) : 불꽃은 있으나 불티가 없는 연소

① 확산연소 : 가연성 기체에 착화에너지를 주면 산소와 접촉하고 있는 부분의 가연성 기체만 연소하는 현상

② 혼합연소(혼기연소) : 가스와 공기가 혼합되어 연소하는 현상

4.2 액체의 연소(증발연소) : 액체 표면에 발생된 증기가 연소

» **비휘발성 액체의 연소**

- 분해연소 : 점도가 높고 비휘발성의 액체는 높은 온도에서 열분해하여 그 분해가스가 연소되는 현상

> ▪ 액적연소 : 점도가 높고 비휘발성의 액체를 점도를 낮추어 분무하여 입자를 안개상으로 분출하여 연소되는 현상

4.3 고체의 연소

① 표면연소 : 고체표면에서 산소와 반응하여 연소(목탄, 금속분)
② 분해연소 : 열분해할 때 발생한 가연성 기체의 연소(목재, 종이)
③ 증발연소 : 고체 및 용융된 액체가 가열될 때 발생된 증기의 연소(황, 나프탈렌)
④ 자기연소 : 제5류 가연물로 자체 내에 산소를 함유한 물질(질산에스테르, 셀룰로이드)

> **≫ 탄화현상**
> 고체의 연소 중 분해연소에서 착화에너지 부족으로 열분해를 충분히 일으키지 못하여 연소하지 못할 때 일어나는 현상

5. 발화

5.1 자연발화

물질이 서서히 산화되어 축적된 산화열이 발열, 발화하는 현상

① 형태

(ㄱ) 산화열에 의한 발열(석탄, 건성유)
(ㄴ) 분해열에 의한 발열(셀룰로이드, 니트로 셀룰로이드)
(ㄷ) 흡착열에 의한 발열(활성탄, 목탄)
(ㄹ) 중합열에 의한 발열(HCN)
(ㅁ) 미생물에 의한 발열(퇴비, 먼지)

② 자연발화 조건

(ㄱ) 발열량이 클 것
(ㄴ) 열전도율이 적을 것
(ㄷ) 주위온도가 클 것(분자운동 활발)

㈃ 표면적 넓을 것

③ 자연발화 방지법

㈀ 습도 높은 것 피할 것

㈁ 저장실 온도 낮출 것

㈂ 퇴적 및 수납 시 열이 쌓이지 않게 할 것

㈃ 통풍을 잘 시킬 것

> **자연발화 인자**
> 발열량, 열전도율, 열의 축적, 수분, 퇴적방법, 공기의 유동

5.2 준자연발화

가연물이 공기, 물과 접촉 반응하여 급격히 발열, 발화하는 현상

① 알킬알루미늄

공기, 물과 반응하여 발화, 피부와 접촉하면 화상

㈀ 희석제 : 벤젠, 헥산

㈁ 소화제 : 팽창질석, 팽창진주암

② K(칼륨), Na(나트륨)

물 습기와 접촉하면 급격히 발화

㈀ 보호액 : 석유(등유, 경유, 유동파라핀)

㈁ 생성가스 : H_2(수소)

③ 황린(P_4, 백린)

공기 중 발화하여 피부와 접촉하면 화상

㈀ 보호액 : pH 9 정도의 알칼리 물

㈁ 연소생성물 : P_2O_5(오산화린)

5.3 혼합발화

위험물 두 가지 이상으로 서로 혼합접촉 하였을 때 발열, 발화하는 현상

① **혼재 위험성**(혼재 가능한 위험물 : 사이삼, 오이사 육하나)

㈀ 폭발성 화합물, 화합물을 생성하는 경우

㈁ 가연성 가스를 생성하는 경우

㈂ 시간이 경과되거나 바로 분해, 발화하는 경우

(2) 소화이론

1. 소화의 정의

물질이 연소할 때 연소구역에서 연소 3요소 중 전부 또는 일부를 없애 주는 것

2. 소화방법

> **제거소화** : 가연물을 없애주는 것
> **질식소화** : 산소의 농도를 15% 이하로 낮추어 주는 것
> **냉각소화** : 열을 빼앗아 발화점 이하로 온도를 낮추는 소화방법
> **억제소화** : 산화반응을 할로겐 원소의 부촉매 작용으로 차단

(3) 폭발의 종류 및 특성

1. 폭발

가연성 기체 또는 액체의 열의 발생속도가 열의 일산속도를 상회하는 현상

> **폭발의 연소속도** : 0.1 ~ 10 m/sec
> **폭굉의 연소속도** : 1,000 ~ 3,500 m/sec
> **폭굉파의 파괴압력** : 1,000 kg/cm^2

2. 폭굉(Detonation)

폭발범위 내의 어떤 특정농도 범위에서는 연소의 속도가 폭발에 비해 수배~수천배에 달하는 현상

≫ 폭굉유도거리(DID)가 짧아지는 경우

- 정상 연소속도가 큰 혼합물일 경우
- 점화원의 에너지가 클 경우
- 고압
- 관경이 작을 경우
- 관속에 방해물이 있을 경우

3. 분진폭발

공기 중의 불휘발성 액체 및 고체가 미립자로 폭발범위 내에 존재할 때 착화에너지를 가하면 일어나는 현상

≫ 분진폭발을 일으키는 물질

- 농산물 : 밀가루, 전분, 솜, 담배가루, 커피가루 등
- 광산물 : 마그네슘, 알루미늄, 아연, 티탄, 철분 등

≫ 분진의 폭발범위

- 하한 : 25~45 mg/L
- 상한 : 80 mg/L

≫ 착화에너지

- 분진의 착화에너지 : 10^{-3}~10^{-2} J
- 화약의 착화에너지 : 10^{-6}~10^{-4} J

(4) 화재의 분류 및 특성

구분	명칭	내용
A급	일반 화재 (백색)	• 연소 후 재가 남는 화재(일반 가연물) • 목재, 섬유류, 나무, 플라스틱 등
B급	유류 화재 (황색)	• 연소 후 재가 없는 화재(유류 및 가스) • 가연성 액체(가솔린, 석유 등) 및 기체(프로판 등)
C급	전기 화재 (청색)	• 전기 기구 및 기계에 의한 화재 • 변압기, 개폐기, 전기다리미 등
D급	금속 화재 (무색)	• 금속(마그네슘, 알루미늄 등)에 의한 화재, 정전기·스파크 등 포함 • 금속이 물과 접촉하면 열을 내며 분해되어 폭발하며, 소화 시에는 모래나 질석 또는 팽창

II 화재예방 및 소화방법

(1) 각종 위험물의 화재예방

1. 위험물의 위험등급 기준

1.1 위험등급 I 의 위험물

① 제1류 위험물 중 아염소산염류, 염소산염류, 과염소산염류, 무기과산화물 그 밖에 지정수량이 50 kg인 위험물

② 제3류 위험물 중 칼륨, 나트륨, 알킬알루미늄, 알킬리튬, 황린 그 밖에 지정수량이 10 kg 또는 20 kg인 위험물

③ 제4류 위험물 중 특수인화물

④ 제5류 위험물 중 유기과산화물, 질산에스테르류 그 밖에 지정수량이 10 kg인 위험물

⑤ 제6류 위험물

1.2 위험등급Ⅱ의 위험물

① 제1류 위험물 중 브롬산염류, 질산염류, 요오드산염류 그 밖에 지정수량이 300 kg인 위험물
② 제2류 위험물 중 황화린, 적린, 유황 그 밖에 지정수량이 100 kg인 위험물
③ 제3류 위험물 중 알칼리금속(칼륨 및 나트륨을 제외한다) 및 알칼리토금속, 유기금속화합물(알킬알루미늄 및 알킬리튬을 제외한다) 그 밖에 지정수량이 50 kg인 위험물
④ 제4류 위험물 중 제1석유류 및 알코올류
⑤ 제5류 위험물 중 1.1절의 ④에 정하는 위험물 외의 것

1.3 위험등급Ⅲ의 위험물

1.1절 및 1.2절에 정하지 아니한 위험물

(2) 각종 위험물의 화재 시 소화(조치)방법

1. 제1류 위험물(산화성 고체)

산소를 많이 함유하고 있는 강산화제로 불연성 물질로 연소가 시작되면 열분해에 의해 산소를 다량 방출하여 급격하게 진행되므로 분해온도 이하로 냉각 주수소화해야 한다.

» **알칼리금속의 과산화물**
물과 접촉 시 발열하여 산소를 방출하므로 마른 모래, 팽창질석, 팽창진주암으로 피복 소화하거나, 탄산수소 염류 및 금속화재용 분말 소화약제로 질식소화 해야 한다.

» **과산화물 중 무기 알칼리토금속과 유기 과산화물은 주수소화**

1.1 일반적인 성질

① 무색 결정 또는 백색 분말의 모두 무기화합물로서 산화성 고체이다.
② 강산화성 물질이며 불연성 고체이다.
③ 가열, 충격, 마찰, 타격으로 분해하여 산소를 방출한다.
④ 비중은 1보다 크며 물에 녹는 것도 있다.
⑤ 질산염류와 같이 조해성이 있는 것도 있다.
⑥ 가열하여 융융된 진한 용액은 가연성 물질과 접촉 시 혼촉발화의 위험이 있다.

1.2 위험성

① 가열 또는 제6류 위험물과 혼합하면 산화성이 증대된다.
② 무기과산화물은 물과 반응하고 산소를 방출하고 심하게 발열한다.
③ 유기물과 혼합하면 폭발의 위험이 있다.
④ 삼산화이크롬(Cr_2O_3)은 물과 반응 시 강산이 되며 심하게 발열한다.

1.3 저장 및 취급방법

① 열, 마찰, 충격 등을 피한다.
② 환원제인 제2류 위험물과의 접촉을 피한다.
③ 조해성 물질은 방습하고 수분과의 접촉을 피한다.
④ 무기과산화물은 공기나 물과의 접촉을 피한다.
⑤ 제6류 위험물과 혼합하면 산화성이 증대된다.

1.4 소화방법

① 제1류 위험물 : 물에 의한 냉각소화
② 알칼리금속의 과산화물 : 마른 모래, 탄산수소염류 분말약제, 팽창질석, 팽창진주암

2. 제2류 위험물(가연성 고체 = 환원제)

비교적 낮은 온도에서 착화하기 쉬운 가연성 고체이며 환원성 물질로 비중은 1보다 크고 물에는 녹지 않고 연소 시 연소열이 크고 연소온도가 높고 연소속도가 빠르

기 때문에 산화제와의 접촉은 피하여야 한다.

2.1 일반적인 성질

① 유황 : 순도가 60중량% 이상인 것
② 철분 : 철의 분말로서 53 μm의 표준체를 통과하는 것(50중량% 미만은 제외)
③ 마그네슘에 해당하지 않는 것
 ㈀ 2 mm의 체를 통과하지 않는 덩어리 상태의 것
 ㈁ 직경 2 mm 이상의 막대 모양의 것
④ 금속분 : 알칼리금속, 알칼리토류금속, 철 및 마그네슘 외의 금속의 분말
⑤ 인화성 고체 : 고형 알코올 그 밖에 1기압에서 인화점이 40℃ 미만인 고체

2.2 위험성 및 취급방법

① 착화온도가 낮아 저온에서 발화하기가 쉽다.
② 연소속도가 빠르고 연소 시 많은 열을 발생한다.
③ 산화제와 접촉을 피하여야 한다.
④ 금속분은 산, 할로겐원소와 접촉하면 발열, 발화한다.
⑤ 화기를 피하고 불티, 불꽃, 고온체와의 접촉을 피한다.
⑥ 산화제(제1류 위험물, 제6류 위험물)와의 혼합·접촉을 피한다.
⑦ 철분, 마그네슘, 금속분은 물, 습기, 산과의 접촉을 피하여 저장한다.

2.3 소화방법

① 적린, 황 등 제2류 위험물 : 주수소화
② 철분, 마그네슘, 금속분류, 오황화인, 칠황화인 : 마른 모래, 탄산수소염류 분말약제, 팽창질석, 팽창진주암

3. 제3류 위험물(자연발화성 물질 및 금수성 물질)

: 마른 모래, 팽창질석, 팽창진주암

3.1 일반적인 성질

① 이온결합 화합물은 상온~100℃ 정도의 녹는점을 가진다.

결합의 세기 : 원자결정 > 이온결합 > 금속결합 > 공유결합

② 운반용기 및 포장 외부표시

(ㄱ) 자연발화성 물질 : 화기엄금, 공기노출엄금

(ㄴ) 금수성 물질 : 물기엄금

③ 혼재 가능 위험물 : 3류는 위험해서 4류와만 혼재 가능

4류+2류, 4류+3류, 5류+2류, 5류+4류, 6류+1류

- 알칼리금속이나 품명이 '알'로 시작하는 위험물은 제일 위험하다! 그래서 지정수량이 10 kg, 20 kg이다.
- 지정수량이 50 kg인 것은 알칼리금속(K, Na 제외)과 유기금속화합물이다.
- 제1류 위험물과 똑같은 지정수량인데 등급이 다르다? 제1류 위험물이 더 위험한 거라고 생각하자.
- 나머지는 지정수량이 300 kg이다. 제1류 위험물의 지정수량이 오삼천인 것을 상기하자.

3.2 알칼리금속 및 알칼리토금속

① 이온화경향이 큰 염류가 이온으로 해리된 뒤 산 등의 수소를 포함한 물질에서 수소의 자리를 뺏어 수소분자를 생성하며 물과도 강렬히 반응하기 때문에 금수성이다. 물과 반응하여 수소를 발생한다는 점에서 제1류 위험물인 무기과산화물과 다르다.

② 칼륨과 나트륨은 반응성이 강하기 때문에 사염화탄소, 이산화탄소, 염소 등과 반응한다. 워낙 이온화경향이 강해 사염화탄소, 이산화탄소, 염소 등의 공유결합을 끊고 이온결합을 한다.

③ 연소반응 : 산소와 반응하면 원자가전자에 따라 적절하게 최종생성물이 결정된다.

3.3 알킬알루미늄·알킬리튬

이온화경향이 큰 염류가 이온으로 해리된 뒤 산 등의 물질 내 수소의 자리를 차지하여 물과도 강렬히 반응하기 때문에 금수성이며 자리를 빼앗긴 수소가 알킬기에 결합하여 알케인을 생성한다.

3.4 황린(P_4)

① 백린이라고도 하며 적린(P)의 동소체이지만 적린과는 전혀 다른 물질로 최종 연소생성물은 같으며 적린이 더 안정적이다.

② 황린과 강알칼리용액과 반응하여 유독성·가연성 가스인 포스핀(인화수소, PH_3)가 발생시키며 포스핀의 생성을 방지하기 위해 물은 pH 9 정도로 유지해야 하며 물과의 강렬한 반응이기 때문에 금수성이다.

3.5 금속수소화합물

이온화경향이 큰 염류가 이온으로 산 내 수소 자리를 뺏고, 수소가 염류 자리로 가 수소 생성시키며 물과도 강렬히 반응하기 때문에 금수성이다.

3.6 금속인화합물

금속인화합물은 기·승·전·포스핀이며 물과의 강렬한 반응이기 때문에 금수성이다.

3.7 칼슘·알루미늄의 탄화물

이온화경향이 큰 염류가 이온으로 산 내 수소 자리를 뺏고, 수소가 염류 자리로 차지해 아세틸렌 생성시킨다. 칼슘·알루미늄의 탄화물의 반응생성물 중 아세틸렌을 주목해야 한다.

4. 제4류 위험물(인화성 액체)

"인화성 액체"라 함은 액체(제3석유류, 제4석유류 및 동식물유류에 있어서는 1기압과 섭씨 20도에서 액상인 것에 한한다)로서 인화의 위험성이 있는 것으로 수용성인 인화성 액체는 알코올포 소화 또는 안개상(분무)의 주수소화 해야 한다.

» 제4류 위험물(인화성 액체) 종류

- 특수인화물
  - 1기압에서 발화점이 100℃ 이하인 것
  - 인화점이 영하 20℃ 이하이고 비점이 40℃ 이하인 것

- 제1석유류 : 1기압에서 인화점이 섭씨 21도 미만인 것
- 알코올류 : 1분자를 구성하는 탄소원자의 수가 1~3개인 포화 1가 알코올로서 메틸알코올, 에틸알코올, 프로필알코올을 포함
- 제2석유류 : 1기압에서 인화점이 21도 이상 70도 미만인 것
- 제3석유류 : 1기압에서 인화점이 70도 이상 200도 미만인 것
- 제4석유류 : 1기압에서 인화점이 200도 이상 250도 미만인 것
- 동식물유류 : 동물의 지육 등 또는 식물의 종자나 과육으로부터 추출한 것으로서 1기압에서 인화점이 250도 미만인 것

4.1 일반적인 성질

① 대단히 인화하기 쉬운 인화성 액체이다.
② 물에 녹지 않고 물보다 가볍다.
③ 증기비중은 공기보다 무거워서 낮은 곳에 체류한다.
④ 연소범위의 하한이 낮기 때문에 공기 중 소량 누설되어도 연소한다.

4.2. 위험성

① 인화의 위험이 높아 화기의 접근을 피하여야 한다.
② 증기는 공기와 약간만 혼합되어도 연소한다.
③ 발화점이 낮고 연소범위의 하한이 낮다.

4.3 저장 및 취급방법

① 점화원 등 화기에 주의하여야 한다.
② 누출방지를 위하여 밀폐용기의 사용하여야 한다.
③ 전기 부도체이므로 정전기 발생에 주의하여야 한다.
④ 증기 및 액체의 누설에 주의하여야 한다.
⑤ 인화점 이상으로 취급하지 않아야 한다.

4.4 소화방법

① 포말, 이산화탄소, 할로겐화합물, 분말 소화약제로 질식소화 한다.
② 수용성 위험물은 알코올형 포 소화약제를 사용한다.

≫ 특수 인화물

■ **디에틸에테르(Diethyl Ether, 에테르)**
- 휘발성이 강한 무색, 투명한 특유의 향이 있는 액체이다.
- 알코올에는 잘 녹고 물에는 약간 녹으며 증기는 마취성이 있다.
- 공기와 접촉하면 과산화물이 생성되므로 갈색병에 저장하여야 한다.
- 에테르는 전기불량도체이므로 정전기 발생에 주의한다.
- 소화는 질식소화(이산화탄소, 할로겐화합물, 청정 소화약제, 포말)를 한다.
- 용기의 공간용적을 2% 이상으로 하여야 한다.

■ **이황화탄소(Carbon Disulfide)**
- 순수한 것은 무색, 투명한 액체이며 시판용은 담황색이다.
- 제4류 위험물 중 착화점이 낮기 증기는 유독하다.
- 물에는 녹지 않고, 유기용매(알코올, 에테르, 벤젠)에 잘 녹는다.
- 가연성 증기 발생을 억제하기 위해 물속에 저장한다.
- 연소 시 아황산가스를 발생하며 파란 불꽃을 나타낸다.

■ **아세트알데히드(Acetaldehyde)**
- 무색, 투명한 액체이며 자극성 냄새가 난다.
- 에틸알코올을 산화하면 아세트알데히드가 된다.
- 페얼링 반응과 은거울 반응을 한다.
- 구리(Cu), 마그네슘(Mg), 은(Ag), 수은(Hg)과 반응하면 아세틸라이드를 생성하므로 위험하다.
- 저장용기 내부에는 불연성 가스 또는 수증기 봉입장치를 할 것

■ **산화프로필렌(Propylene Oxide)**
- 무색, 투명한 자극성이 있는 액체이다.
- 구리(Cu), 마그네슘(Mg), 은(Ag), 수은(Hg)과 반응하면 아세틸라이드를 생성하므로 위험하다.
- 저장용기 내부에는 불연성 가스 또는 수증기 봉입장치를 한다.
- 소화약제로는 알코올용포, 이산화탄소, 할로겐화합물, 청정, 분말약제가 효과가 있다.

■ **이소프로필아민**
- 강한 암모니아 냄새가 나는 무색, 투명한 인화성 액체이다.
- 증기는 공기보다 무겁고, 물에는 잘 녹는다.
- 강산류와 강산화제, 케톤류와 접촉하면 위험하다.

≫ 알코올류

■ **메틸알코올(Methyl alcohol, Methanol, 목정)**
- 무색, 투명한 휘발성이 강한 액체이다.
- 알코올류 중에서 물에 가장 잘 녹는다.
- 메틸알코올은 독성이 있다.
- 알칼리금속(K, Na)과 반응하면 수소를 발생한다.
- 산화하면 메틸알코올 → 포름알데히드 → 포름산(개미산)이 된다.
- 화재 시에는 알코올포를 사용한다.

■ **에틸알코올(Ethyl alcohol, Ethanol, 주정)**
- 무색, 투명한 향의 냄새를 지닌 휘발성이 강한 액체이다.
- 물에 잘 녹으므로 수용성이다.
- 에탄올은 벤젠보다 탄소의 함량이 적기 때문에 그을음이 적게 난다.
- 산화하면 에틸알코올 → 아세트알데히드 → 초산(아세트산)이 된다.
- 알칼리금속(K, Na)과 반응하면 수소(H_2)를 발생한다.
- 에틸알코올은 요오드포름반응을 한다.

■ **이소프로필알코올(Iso Propyl alcohol, Propanol)**
- 물과 유기용제에 잘 녹는다.
- 산화하면 아세톤이 되고 탈수하면 프로필렌이 된다.

■ **변성알코올**
- 에틸알코올에 메탄올, 피리딘 등을 첨가하여 공업용으로 사용되는 알코올이다.
- 음료용으로는 사용할 수 없다.

≫ 제1석유류

■ **아세톤(Acetone, Dimethyl Ketone)**
- 무색, 투명한 휘발성이 강한 자극성 액체이다.
- 물에 잘 녹아 수용성으로 지정수량이 400 L이다.
- 피부에 닿으면 탈지작용을 한다.
- 공기와 접촉하면 과산화물이 생성되므로 갈색병에 저장하여야 한다.

■ **휘발유(Gasoline)**
- 무색, 투명한 휘발성이 강한 인화성 액체이다.
- 포화, 불포화탄화수소의 혼합물로서 지방족 탄화수소이다.
- 이산화탄소, 할로겐화합물, 청정 소화약제, 분말, 포말(대량일 때)로 질식소화를 한다.
- 휘발유의 제법 : 직류법, 접촉개질법, 열분해법

■ **벤젠(Benzene, 벤졸)**
- 무색, 투명한 방향성을 갖는 액체이다.
- 물에는 녹지 않고 알코올, 아세톤, 에테르에는 녹는다.
- 비전도성이므로 정전기의 화재 발생 위험이 있다.
- 독성은 B(벤젠), T(톨루엔), X(크실렌) 중에서 가장 크다.
- 수소의 수에 비해 탄소수가 많기 때문에 연소 시 그을음이 발생한다.

■ **톨루엔(Toluene, 메틸벤젠)**
- 무색, 투명한 독성이 있는 액체로서 벤젠보다는 독성이 약하다.
- 물에 불용, 아세톤, 알코올 등 유기용제에는 잘 녹는다.
- T.N.T의 원료로 사용하고, 산화하면 안식향산(벤조산)이 된다.
- 독성은 벤젠 > 톨루엔 > 크실렌 순이다.

■ **콜로디온**[Collodion, $C_{12}H_{16}O_6(NO_3)_4-C_{13}H_{17}(NO_3)_3$]
- 질화도가 낮은 질화면(NC, 니트로셀룰로오스)에 부피비로 에탄올(3)과 에테르(1)의 비율로 녹여 교질상태로 만든 것이다.
- 무색, 투명한 끈기 있는 액체이며 인화점은 －18℃이다.
- 알코올포, 이산화탄소 분무주수 등으로 소화한다.

■ **메틸에틸케톤(Methyl Ethyl Ketone, MEK)**
- 아세톤과 비슷한 냄새가 나는 휘발성이 강한 무색의 액체이다.
- 물에는 잘 녹지만 비수용성으로 지정수량이 200 L이다.
- 알코올, 에테르, 벤젠 등 유기용제에 잘 녹고, 수지, 유지를 잘 녹인다.
- 피부에 접촉 시 탈지작용을 한다.
- 분무주수가 가능하고 알코올포로 질식소화를 한다.

■ **피리딘(Pyridine)**
- 순수한 것은 무색의 액체이나 시판품은 불순물이 함유되어 있어 담황색을 띤다.
- 약 알칼리성을 나타내며 독성이 있다.
- 산, 알칼리에 안정하고, 알코올, 에테르에 잘 녹는다.
- 물에 잘 녹아 수용성으로 지정수량은 400 L이다.
- 공기 중에 허용농도는 5 ppm이다.
- 수용성 액체로서 알코올포 소화약제가 적합하다.

■ **시안화수소**
- 자극성 냄새가 나는 무색의 맹독성 액체이다.
- 물이나 알코올에 잘 녹고 수용성은 약산성을 나타낸다.
- 제4류 위험물 중 증기비중(0.932)은 공기보다 가볍다.
- 저온에서는 안정, 소량의 알칼리와 혼합 시 중합폭발의 우려가 있다.
- 분무주수가 가능하고 알코올포로 질식소화를 한다.

■ **초산에스테르류**

- 초산메틸(Methyl Acetate, 아세트산메틸)
  - 무색, 투명한 휘발성 액체로서 마취성과 향긋한 냄새가 난다.
  - 물, 알코올, 에테르 등에 잘 녹는다.
  - 초산에스테르류 중 물에 가장 잘 녹는다.
  - 초산메틸이 가수분해하면 초산과 메틸알코올로 된다.
  - 피부에 접촉하면 탈지작용을 한다.
  - 초산과 메틸알코올에 황산을 가하여 만든다.
  - 초산메틸이 가수분해하면 초산과 메틸알코올이 된다.
  - 알코올포, 이산화탄소, 할로겐화합물, 청정 소화약제, 분말로 질식소화를 한다.
- 초산에틸(Ethyl Acetate, 아세트산에틸)
  - 무색, 투명한 휘발성 액체로서 과일의 향기가 난다.
  - 알코올, 에테르, 아세톤과 잘 섞이며 물에 약간 녹는다.
  - 휘발성과 인화점이 −4℃로 인화성이 강하다.
  - 유지, 수지, 셀룰로오스 유도체 등을 잘 녹인다.
  - 초산과 에틸알코올에 황산을 가하여 만든다.
- 초산프로필
  - 무색의 배의 냄새가 나는 액체이다.
  - 알코올, 에테르, 아세톤과 잘 섞이며 물에 약간 녹는다.

■ **의산에스테르류**

- 의산메틸(개미산메틸)
  - 향기를 가진 무색, 투명한 액체이다.
  - 증기는 마취성이 있으나 독성은 없다.
  - 에테르, 벤젠, 에스테르에 잘 녹으며 물에는 일부 녹는다.
  - 의산과 메틸알코올이 반응하여 만든다.
  - 의산메틸이 가수분해하면 메틸알코올과 의산이 된다.
- 의산에틸(개미산에틸)
  - 복숭아향의 냄새를 가진 무색, 투명한 액체이다.
  - 에테르, 벤젠, 에스테르에 잘 녹으며 물에는 일부 녹는다.
  - 의산에틸이 가수분해하면 에틸알코올과 의산이 된다.
- 의산프로필
  - 무색, 투명한 특유의 냄새가 나는 액체이다.
  - 불에 불용이며 기타 의산메틸의 기준에 준한다.

》 제3석유류

■ **중유(직류중유)**
- 300~350℃ 이상의 중유의 잔류물과 경유의 혼합물이다.
- 비중과 점도가 낮다.
- 분무성이 좋고 착화가 잘된다.
- 대형탱크 화재 시 보일오버 또는 슬롭오버가 일어날 수 있다.

■ **분해중유**
- 중유 또는 경유를 열분해하여 가솔린의 제조 잔유와 분해경유의 혼합물이다.
- 비중과 점도가 높다.
- 분무성이 나쁘다.

■ **크레오소트유(타르유)**
- 황록색 또는 암갈색의 기름모양의 액체로서 타르류, 액체피치유라고도 한다.
- 주성분은 나프탈렌, 안트라센으로서 증기는 유독하다.
- 물에는 녹지 않고 알코올, 에테르, 벤젠, 톨루엔에는 잘 녹는다.
- 타르산이 함유되어 용기를 부식시키므로 내산성용기를 사용하여야 한다.
- 방부제, 살충제의 원료로 사용된다.

■ **에틸렌글리콜(Ethylene Glycol)**
- 무색의 점성 액체로서 단맛이 난다.
- 사염화탄소, 에테르, 벤젠, 이황화탄소, 클로로포름에는 녹지 않고, 물, 알코올, 글리세린, 아세톤, 초산, 피리딘에는 잘 녹는다.
- 2가 알코올로서 독성이 있다.
- 무기산 및 유기산과 반응하여 에스테르를 생성한다.

■ **글리세린(Glycerine)**
- 무색, 무취의 점성 액체로서 흡수성이 있고 단맛이 있다.
- 물, 알코올에는 잘 녹지만 벤젠, 에테르, 클로로포름에는 잘 녹지 않는다.
- 3가 알코올로서 독성이 없으며 단맛이 난다.

■ **아날린(Aniline)**
- 황색 또는 담황색의 기름성의 액체이다.
- 물에는 약간 녹고, 알코올, 아세톤, 에테르, 벤젠에는 잘 녹는다.
- 물보다 무겁고 독성이 강하다.

■ **니트로벤젠(Nitrobenzene)**
- 암갈색 또는 갈색의 특이한 냄새가 나는 액체이다.
- 물에는 녹지 않으며 알코올, 벤젠, 에테르에는 잘 녹는다.
- 물보다 가볍고 증기는 독성이 있다.

■ **메타크레졸(m-Cresol)**
- 무색 또는 황색의 페놀의 냄새가 나는 액체이다.
- 물에는 녹지 않고, 알코올, 에테르, 클로로포름에는 녹는다.
- 크레졸은 ortho-Cresol, meta-Cresol, para-Cresol의 3가지 이성질체가 있다.

≫ 제2석유류

■ **등유(Kerosine)**
- 무색 또는 담황색의 취기가 있는 액체이다.
- 휘발유와 경유 사이에서 유출되는 포화·불포화 탄화수소의 혼합물이다.
- 물에 녹지 않고 석유계 용제에는 잘 녹는다.

■ **경유(디젤유)**
- 담황색 또는 담갈색의 액체로 등유와 비슷한 성질을 가진다.
- 탄소수가 15개에서 20개까지의 포화·불포화 탄화수소의 혼합물이다.
- 물에는 녹지 않고 석유계 용제에는 잘 녹는다.
- 품질은 세탄값으로 정한다.

■ **초산(Acetic acid, 아세트산)**
- 무색, 투명하고 자극성 냄새와 신맛이 나는 액체이다.
- 물, 알코올, 에테르에 잘 녹고 물보다 무겁다.
- 피부와 접촉하면 수포상의 화상을 입는다.
- 초산의 응고점은 16.7℃로서 이 온도이하가 되면 응고되어 빙초산이라 하고, 3~5%의 수용액을 식초로 사용한다.
- 에틸알코올과 반응하여 초산에틸을 생성한다.
- 저장용기는 내산성 용기를 사용하여야 한다.
- 소화방법으로는 알코올포, 이산화탄소, 할로겐화합물, 청정, 분말약제가 적합하다.

■ **의산(Formic acid)**
- 물에 잘 녹고 물보다 무겁다.
- 초산보다 강한 산성을 나타낸다.
- 피부와 접촉하면 수포상의 화상을 입는다.
- 저장용기는 내산성 용기를 사용하여야 한다.
- 소화방법으로는 알코올포, 이산화탄소, 할로겐화합물, 청정, 분말약제가 적합

■ **크실렌(Xylene)**
- 물에는 녹지 않고 유기용제에는 잘 녹는다.
- 무색, 투명한 액체로서 톨루엔과 비슷하다.

- BTX 중에서 독성이 가장 약하다.
- 크실렌의 이성질체로는 o-xylene, m-xylene, p-xylene가 있다.

■ **테레핀유(송정유)**
- 무색 또는 엷은 담황색의 액체이다.
- 피넨($C_{10}H_{16}$)이 80～90% 함유된 소나무과 식물에 함유된 기름으로 송정유라고도 한다.
- 물에 녹지 않고 알코올, 에테르, 벤젠, 클로로포름에는 녹는다.
- 공기 중에서 산화 중합하며 헝겊에 스며들어 자연발화 한다.

■ **스타이렌(Styrene)**
- 무색의 독특한 냄새가 나는 액체이다.
- 물에 녹지 않고 알코올, 에테르, 이황화탄소에는 녹는다.
- 빛, 가열, 과산화물과 중합 반응하여 무색의 고상물이 된다.

■ **클로로벤젠(Chlorobenzene)**
- 마취성이 있는 석유와 비슷한 냄새가 나는 무색액체이다.
- 물에 녹지 않고 알코올, 에테르 등 유기용제에는 녹는다.
- 연소를 하면 염화수소가스를 발생한다.

■ **메틸셀로솔브(Methyl Cellosolve)**
- 냄새가 나는 약간의 휘발성을 가진 무색의 액체이다.
- 물, 에테르, 벤젠, 사염화탄소, 아세톤, 글리세린에 녹는다.

■ **에틸셀로솔브(Ethyl Cellosolve)**
- 무색의 상쾌한 냄새가 나는 액체이다.
- 가수분해하면 에틸알코올과 에틸렌글리콜을 생성한다.

■ **히드라진**
- 무색의 맹독성 가연성 액체이다.
- 물이나 알코올에는 잘 녹고 에테르에는 불용이다.
- 약알칼리성으로 공기 중에서 약 180℃에서 암모니아와 질소, 수소로 분해된다.

≫ 제4석유류
- 윤활유 : 기어유, 실린더유, 터빈유, 모빌유, 엔진오일 등
- 가소제 : DOP, DNP, DBP, DBS, DOS, TCP, TOP, DINP 등

≫ 저장, 취급방법
- 실온에서 인화위험은 없으나 가열하면 연소위험이 증가한다.
- 화기를 엄금하고 발생된 증기의 누설을 방지하고 환기를 잘 시킨다.

- 가연성 물질, 강산화성 물질과 격리한다.

》동·식물유류

- 건성유 : 해바라기유, 아마인유, 동유, 정어리기름, 들기름
(요오드값 130 이상, 반응성 및 불포화도 크다.)
- 반건성유 : 참기름, 콩기름, 채종유, 목화씨기름
(요오드값 100~130, 반응성 및 불포화도 중간)
- 불건성유 : 올리브유, 야자유, 피마자유, 동백유
(요오드값 100 이하, 반응성 및 불포화도 작다.)

》위험성

- 상온에서 위화위험은 없으나 가열하면 연소위험이 증가한다.
- 발생 증기는 공기보다 무겁고 연소범위 하한이 낮다.
- 아마인유는 건성유이므로 자연발화 위험이 있다.

5. 제5류 위험물(자기반응성 물질) : 주수소화(초기소화)

가연성 물질로서 그 물질 자체 내에 산소를 함유하고 있고 외부에서 가열하면 분해되어 가연성 기체와 산소를 발생하며 공기 중의 산소 없이도 자체의 산소만으로도 연소하는 물질

5.1 일반적인 성질

① 위험물 자체가 산소와 가연물을 가지고 있는 자기반응성 물질이다.
② 히드라진 유도체를 제외하고는 유기화합물이다.
③ 유기과산화물을 제외하고는 질소를 함유한 유기질소 화합물이다.
④ 가연성 물질(고체, 액체)이고 연소할 때는 다량의 가스를 발생한다.

5.2 위험성

① 외부의 산소공급 없이도 자기연소하므로 연소속도가 빠르다.
② 니트로화합물은 화기, 가열, 충격, 마찰에 민감하여 폭발 위험이 있다.
③ 강산화제, 강산류와 혼합한 것은 발화를 촉진, 위험성도 증가한다.

5.3 저장 및 취급방법

① 점화원의 접촉, 가열, 충격, 마찰 등을 피한다.
② 강산화제, 강산류, 기타 물질이 혼입되지 않도록 한다.
③ 소분하여 저장하고 용기의 파손 및 위험물의 노출을 방지한다.
④ 소화방법 : 물에 의한 냉각소화

» 유기과산화물(Organic Peroxide)

■ **과산화벤조일(Benzoyl Peroxide, 벤조일퍼옥사이드, BPO)**
- 무색, 무취의 백색 결정으로 강산화성 물질이다.
- 물에는 녹지 않고, 알코올에는 약간 용해한다.
- 프탈산디메틸(DMP), 프탈산디부틸(DBP)의 희석제를 사용한다.
- 마찰, 충격으로 폭발의 위험이 있다.
- 발화하면 연소속도가 빠르고 건조상태에서는 위험하다.
- 소화방법은 소량일 때 분말, 건조된 모래로, 대량일 때 물이 효과적이다.

■ **과산화메틸에틸케톤(Methyl Ethyl Ketone Peroxide, MEKPO)**
- 무색, 특이한 냄새가 나는 기름모양의 액체이다.
- 물에는 약간 녹고, 알코올, 에테르, 케톤에는 잘 녹는다.
- 시판품은 희석제(프탈산디메틸, 프탈산디부틸)가 50~60% 정도가 함유되어 있다.
- 40℃ 이상에서 분해가 시작되어 110℃ 이상이면 발열하고 분해가스가 연소한다.

» 질산에스테르류

■ **니트로 셀룰로오스(Nitro Cellulose, NC)**
- 셀룰로오스에 진한 황산과 진한질산의 혼산으로 반응시켜 제조한 것이다.
- 저장물에 물 또는 알코올로 습윤시켜 저장한다.
- 가열, 마찰, 충격에 의하여 격렬히 연소, 폭발한다.
- 질화도가 클수록 폭발성이 크다.
- 질화도는 니트로셀룰로오스 속에 함유된 질소의 함유량이다.

■ **니트로 글리세린(Nitro Glycerine, NG)**
- 무색, 투명한 기름성 액체이고 공업용은 담황색이다.
- 알코올, 에테르, 벤젠, 아세톤, 등 유기용제에는 녹는다.
- 상온에서 액체이고 겨울에는 동결한다.
- 폭발을 방지하기 위하여 다공성 물질(규조토, 톱밥, 소맥분, 전분)에 흡수시킨다.
- 규조토에 흡수시켜 다이너마이트를 제조할 때 사용한다.

■ **니트로 글리콜(Nitro Glycol)**
- 순수한 것은 무색이나 공업용은 담황색 또는 분홍색의 액체이다.
- 알코올, 아세톤, 벤젠에는 잘 녹는다.
- 산이 존재하면 분해되어 폭발하는 수도 있다.
- 에틸렌글리콜을 혼산(질산+황산) 중에 반응시켜 제조한다.

■ **질산메틸**
- 무색, 투명한 액체로서 마취성과 독성이 있다.
- 물에는 녹지 않고 알코올, 에테르에는 잘 녹는다.
- 폭발성은 거의 없으나 인화의 위험성은 있다.
- 메틸알코올과 질산을 반응하여 질산메틸을 제조한다.

■ **질산에틸**
- 무색, 투명한 액체로서 방향성을 갖는다.
- 물에는 녹지 않고 알코올에는 잘 녹는다.
- 10℃로서 인화점이 대단히 낮고 연소하기 쉽다.
- 에틸알코올과 질산을 반응하여 질산에틸을 제조한다.

≫ 니트로화합물

■ **트리니트로 톨루엔(Tri Nitro Toluene, TNT)**
- 담황색의 침상결정으로 강력한 폭약으로 폭발력의 기준이 되기도 한다.
- 충격에는 민감하지 않으나 급격한 타격에 의하여 폭발한다.
- 물에는 녹지 않고, 알코올에는 가열하면 녹고, 아세톤, 벤젠, 에테르에는 잘 녹는다.
- 일광에 의해 갈색으로 변하고 가열, 타격에 의하여 폭발한다.
- 충격 감도는 피크린산보다 약하다.
- TNT는 질산과 반응하여 니트로화시켜 제조한다.

■ **트리니트로 페놀(Tri Nitro Phenol, 피크린산)**
- 광택 있는 황색의 침상결정으로 쓴맛과 독성이 있다.
- 찬물에는 약간 녹고 알코올, 에테르, 벤젠, 온수에는 잘 녹는다.
- 단독으로 가열, 마찰 충격에 안정하고 연소 시 검은 연기를 내지만 폭발은 하지 않는다.
- 중금속과 반응하면 피크린산염을 형성한다.
- 금속염과 혼합은 폭발이 심하며 가솔린, 알코올, 요오드, 황과 혼합하면 마찰, 충격에 의하여 심하게 폭발한다.

≫ 니트로소화합물

■ 특성

- 산소를 함유하고 있는 자기연소성, 폭발성 물질이다.
- 대부분 불안정하며 연소속도가 빠르다.
- 가열, 마찰, 충격에 의해 폭발의 위험이 있다.

■ 종류

- 파라디니트로소 벤젠[Para di Nitroso Benzene, $C_6H_4(NO)_2$]
  - 황갈색의 분말이다.
  - 가열, 마찰, 충격에 의하여 폭발하나 폭발력은 강하지 않다.
  - 고무 가황제의 촉매로 사용한다.
- 디니트로소 레조르신[di Nitroso Resorcinol, $C_6H_2(OH)_2(NO)_2$]
  - 회흑색의 광택 있는 결정으로 폭발성이 있다.
  - 162～163℃에서 분해한다.
- 디니트로소 펜타메틸렌테드라민[DPT, $C_5H_{10}N_4(NO)_2$]
  - 광택 있는 크림색의 분말이다.
  - 가열 또는 산을 가하면 200～205℃에서 분해하여 폭발한다.

≫ 아조화합물

■ 정의

- 아조기(－N＝N－)가 탄화수소의 탄소원자와 결합되어 있는 화합물

■ 종류

- 아조벤젠(Azo benzene, $C_6H_5N=NC_6H_5$)
- 아조비스 이소부티로 니트릴(azobis iso Butyro Nitrile, AIBN)

≫ 히드라진 유도체

■ 염산 히드라진(Hydrazine Hydrochloride, N_2H_4－HCl)

- 백색 결정성분말로서 흡습성이 강하다.
- 물에 용해, 알코올에는 불용이다.
- 질산은($AgNO_3$) 용액을 가하면 백색침전(AgCl)이 생긴다.

■ 황산 히드라진(di-Hydrazine Sulfate, N_2H_4－H_2SO_4)

- 백색 또는 무색 결정성분말이다.
- 물에 용해, 알코올에는 불용이다.

■ **페닐 히드라진($C_6H_5NHNH_2$)**
- 무색의 판상 고체 또는 액체로서 독성이 있다.
- 공기 중에서 산화하면 갈색으로 변색된다.

6. 제6류 위험물(산화성 액체)

6.1 일반적인 성질

① 무기화합물로 이루어진 산화성 액체이다.
② 무색, 투명하고 표준상태에서는 모두가 액체이다.
③ 비중은 1보다 크고 물에 녹기 쉽다.
④ 산소를 함유하고 있어 가연물의 연소를 돕는다.
⑤ 불연성 물질이며 가연물, 유기물 등과의 혼합으로 발화한다.
⑥ 증기는 유독하며 피부와 접촉 시 점막을 부식시킨다.

6.2 위험성

① 자신은 불연성 물질이지만 산화성이 커 다른 물질의 연소를 돕는다.
② 강환원제, 일반 가연물과 혼합한 것은 접촉발화하거나 가열하면 위험하다.
③ 과산화수소를 제외하고 물과 접촉하면 심하게 발열한다.

6.3 저장 및 취급방법

① 물과 접촉하면 많은 열을 발생하므로 위험하다.
② 강환원제, 유기물질, 가연성 위험물과 접촉을 피한다.
③ 저장용기는 내산성용기를 사용하여야 한다.
④ 소화방법 : 주수소화가 적합. [소량일 경우 대량의 물로 희석소화, 대량일 경우 주수소화가 곤란하므로 건조사, 인산염류의 분말로 질식소화(많은 열로 인한 용기파손)]

6.4 과염소산(Perchloric Acid)

① 비중이 물보다 무겁고, 염소(Cl) 냄새가 나는 무색의 액체이다.

② 흡습성이 강하며 가열하면 폭발하는 강산화제이다.
③ 염소산 중에서 가장 강한 산이다.
④ 물과 반응하면 심하게 발열하며, 반응으로 생성된 혼합물도 강한 산화력을 가진다.
⑤ 불연성 물질이지만 자극성, 산화성이 매우 크다.
⑥ 강산화제, 환원제, 알코올류, 시안화합물, 알칼리와의 접촉을 방지한다.
⑦ 다량의 물로 분무주수하거나 분말 소화약제를 사용한다.
⑧ 과염소산은 물과 작용해서 6종의 고체수화물을 만든다.

6.5 과산화수소(Hydrogen Peroxide) : 농도가 36중량% 이상인 것

① 무색, 투명한 점성이 있는 무색의 액체이다.
② 물, 알코올, 에테르에는 녹지만, 벤젠에는 녹지 않는다.
③ 물보다 무겁고 수용액 상태는 비교적 안정하다.
④ 농도 60% 이상은 충격, 마찰에 의해서도 단독으로 분해폭발 위험이 있다.
⑤ 니트로글리세린, 히드라진과 혼촉하면 분해하여 발화, 폭발한다.
⑥ 저장용기는 밀봉하지 말고 구멍이 있는 마개를 사용하여야 한다.
⑦ 과산화수소의 안정제로는 인산(H_3PO_4)과 요산($C_5H_4N_4O_3$)이 있다.
⑧ 3% 수용액을 소독약으로 사용하는 옥시풀이다.

6.6 질산 : 비중이 1.49 이상인 것

① 흡습성이 강하여 습한 공기 중에서 발열하는 무색의 무거운 액체이다.
② 자극성, 부식성이 강하며 비점이 낮아 휘발성이다.
③ 진한질산을 가열하면 적갈색의 갈색증기(NO_2, 이산화질소)가 발생한다.
④ 목탄분, 천, 실, 솜 등에 스며들어 방치하면 자연발화 한다.
⑤ 강산화제, K, Na, NH_4OH, $NaClO_3$와 접촉 시 폭발 위험이 있다.
⑥ 피부에 접촉 시에는 크산토프레인 반응을 한다.
⑦ 진한질산은 철(Fe), 코발트(Co), 니켈(Ni), 알루미늄(Al)은 부동태화 한다.
⑧ 화재 시 다량의 물로 소화한다.

CHAPTER 2

소화약제 및 소화기

I 소화약제 및 소화기별 종류 및 특성

(1) 소화기의 외부 표시사항

1. 소화기의 명칭
2. 적용화재 표시
3. 능력 단위(방출거리 등)
4. 사용방법
5. 취급상 주의사항
6. 용기합격 및 중량표시
7. 제조년월일
8. 제조업체명 및 상호

(2) 유지관리

1. 바닥면으로부터 1.5 m 이하 되는 지점에 설치
2. 통행, 피난에 지장이 없고 사용 시 반출하기 쉬운 곳에 설치
3. 소화약제가 동결, 변질 또는 분출할 우려가 없는 곳에 설치
4. 설치된 지점에 잘 보이도록 “소화기” 표시할 것

(3) 소화기 사용법

1. 적응화재에만 사용할 것
2. 성능에 따라 화점 가까이 접근하여 사용할 것

3. 바람을 등지고 풍상 ⇒ 풍하의 방향으로 사용할 것
4. 양옆으로 비로 쓸듯이 골고루 사용할 것

(4) 주의사항

1. 화재 초기에 효과가 있고 확대 시 효과가 없다.
2. 대형 소화설비의 대용이 될 수 없다.
3. 어떠한 형태의 모든 화재에 유효한 만능소화는 없다.
4. 소화기의 구조, 성능, 취급법을 모르면 무용지물이므로 방화 관리자 및 화기책임자를 임명하고 취급방법 사전 숙지
5. 설치장소 확인 및 1년 1회 이상 실제 사용법을 시험해 본다.

≫ 소화기의 점검
- 작동기능검사(연 1회 상반기) : 압력계 지시침, 용량 및 중량, 작동확인
- 종합정밀검사(연 1회 상반기) : 압력시험 등

(5) 소화기 배치

1. 소형수동식 : 보행거리 20 m 이내
2. 대형수동식 : 보행거리 30 m 이내

(6) 소화약제 충전량

종 별	소화약제 충전량
물소화기	80 L 이상
강화액소화기	60 L 이상
이산화탄소소화기	50 kg 이상
할로겐화합물소화기	30 kg 이상
분말소화기	20 kg 이상
포소화기	20 L 이상

(7) 간이 소화용구의 능력단위

소화설비	용량	능력단위
마른 모래 (삽 1개 포함)	50 L	0.5단위
팽창질석, 팽창진주암 (삽 1개 포함)	160 L	1단위

II 각종 위험물의 화재 시 소화방법

(1) 제거소화

촛불, 산불, 유전의 화재, 가스화재

(2) 질식소화

포말(AB급), 분말(BC급 및 ABC급), 탄산가스(BC급) 소화기 및 간이 소화제를 이용한 소화

1. 포말 소화기 : 질식효과 및 냉각효과

1.1 화학포 소화기

① 보통전도식 : 소화기를 전도시켜 외약제와 내약제가 혼합되어 CO_2의 압력으로 거품을 방출(휴대식 20℃에서 용량의 7배 방출)
② 내통밀폐식 : 차량 선박용 핸들을 돌려 뚜껑을 올려 사용(5.5배)
③ 내통밀봉식 : 안전 캡을 해체하여 납봉판을 파괴한 후 사용(5.5배)

≫ 화학포의 소화약제
- 외약제(A제) : 중탄산나트륨($NaHCO_3$) 기포안정제
- 내약제(B제) : 황산알루미늄[$Al_2(SO_4)_3$ = 황산반토]

≫ 화학포 소화약제 화학반응식

$$6NaHCO_3 + Al_2(SO_4)_3 \cdot 18H_2O \rightarrow 3Na_2SO_4 + 2Al(OH)_3 + 6CO_2 + 18H_2O$$

- 중탄산나트륨 = 탄산수소나트륨 = 중조
- 기포 안정제 : 기수분해 단백질, 사포닝, 계면활성제, 소다회 등
- 포 소화약제의 화학반응 : 중탄산나트륨(알칼리성)과 황산알루미늄(산성)의 반응으로 CO_2를 생성, 기포안정제의 상승효과로 거품이 만들어진다.

1.2 기계포 소화기(공기포, 에어폼) : 축압식, 가스가압식

- 방출방법 : 압축공기 또는 질소가스의 압력에 의해 노즐에서 약제가 방사될 때 압력과 공기를 도입 약제를 혼입 발포한다.
- 기계포 소화약제 : 계면활성제, 수성막포, 단백포

1.3 알코올포 소화기(특수 포) : 알코올 등 수용성인 가연물 화재에 사용하는 내알코올성 소화기

- 알코올포 소화기는 거품이 잘 녹으므로 수용성 가연물의 화재에 사용할 수 있게 개발된 소화기로 지방산염 및 복염을 첨가하여 물과 접촉 시 복염의 해리로 피막을 생성시켜 소화

≫ 포말의 조건
- 기름보다 가벼우며 화재면과의 부착성이 좋을 것
- 응집성과 안정성이 있을 것
- 열에 센 막을 가지며 유동성이 좋을 것

2. 분말 소화기 : 축압식, 가스가압식

소화분말과 질소가스를 축압 방출시켜 질식과 열분해로 인한 물의 냉각효과로 유류화재와 전기화재의 소화에 적합하다.

축압식은 철제용기에 질소가스(또는 공기)를 축압시켜 방출하며 압력 지시계의 압력은 7.0~9.8 kg/cm^{2}이고, 가스가압식(봄베이식)은 본체에 설치된 가스봄베에서 방출된 가스압으로 소화분말을 방출하는 방식이다.

소화약제와 색깔

종 류	화학식	화학반응식	적용소화
1종분말(백색)	$NaHCO_3$	$2NaHCO_3 \rightarrow Na_2CO_3 + CO_2 + H_2O$	B, C급
2종분말(보라)	$KHCO_3$	$2KHCO_3 \rightarrow K_2CO_3 + CO_2 + H_2O$	B, C급
3종분말(핑크)	$NH_4H_2PO_4$	$NH_4H_2PO_4 \rightarrow HPO_3 + NH_3 + H_2O$	A, B, C급
4종분말(회백색)	$KHCO_3 + (NH_2)_2$	$2KHCO_3 + (NH_2)_2 \rightarrow K_2CO_3 + 2NH_3 + 2CO_2$	B, C급

- 인산암모늄(ABC 소화제) : 부착성이 좋은 메타인산을 만들어 다른 소화분말보다 30% 이상 소화능력이 좋다.
- 분말입자의 크기 : 180 mesh 이상
- 소화분말의 표면처리제는 금속비누(스테아르산아연, 스테아르산 알루미늄)와 실리콘수지 등이 쓰인다.
- 트윈 에이전트 시스템 : 분말 소화약제와 수성막포 소화약제를 함께 사용하여 유류화재의 소화효과를 높이는 방법

3. 탄산가스(CO_2) 소화기

기체 CO_2(탄산가스), 액체 CO_2(액화탄산가스), 고체 CO_2(드라이아이스)가 있으며, 이음매가 없는 고압용기에 충전된 줄톰슨효과에 의해 드라이아이스를 방출하는 소화기로 질식 및 냉각효과로 유류화재와 전기화재에 사용된다.

≫ CO_2 소화기의 단점

- 약제가 부족할 경우 재연되기 쉽다.
- 피부에 닿으면 동상에 걸리기 쉽다.
- 고압가스이므로 용기는 25 MPa에 견디어야 한다.

4. 간이 소화제

가격이 비싼 소화기를 대체할 수 있는 가격이 저렴하고 간단한 소화제로 마른 모래(소화용 모래), 팽창질석·진주암, 중조에 톱밥을 섞은 중조톱밥, 수증기, 분말수용액이나 할로겐화합물 소화약제를 봉비한 투척용 소화탄 등이 있다.

> **≫ 마른 모래(소화용 모래) 보관법**
> - 반드시 건조 상태
> - 가연물이 함유되어 있지 않을 것
> - 포대 반절드럼에 넣어 보관
> - 부속기구 (삽, 양동이 비치할 것)

(3) 냉각소화

연소물로부터 열을 빼앗아 발화점 이하 온도를 낮추어 소화하는 방법으로 수동펌프식, 가스가압식, 축압식이 있다.

1. 물 소화기(봉상=굵은 물줄기; A급 화재, 분무상; A, B급 화재)

사용하기에 안전하고 구입이 쉽고 가격이 저렴하여 주로 A급 화재에 사용하며 B급 (유류)화재 중 수용성 가연성 액체에는 안개상으로 주수소화하면 질식소화 및 희석소화, 불용성가연성 액체에는 질식소화 및 유화소화의 상승효과를 볼 수 있다.

> **≫ 물소화기의 특징**
> - 냉각효과, 질식효과, 기화잠열이 크다.
> - 방출방식 : 수동 펌프식, 축압식, 가스가압식
>
> **≫ 잠열[潛熱]**
> 물질이 온도나 압력의 변화를 보이지 않고 평형을 유지하면서 한 상에서 다른 상으로 변할 때 흡수 또는 발생하는 열
>
> **≫ 기화잠열** : 액체가 기체 상태로 변할 때 소비되는 열량
> 물의 기화잠열＝539 cal/g

2. 강화액 소화기

물에 탄산칼슘(K_2CO_3)을 보강하여 빙점을 －30～－25℃까지 낮춘 한냉지와 겨울철에 사용하는 소화기로 반응식, 가스반응식, 축압식이 있다. 안개상일 때는 A급, B급, C급에 사용(ABC급)

≫ 강화액 소화기
- 수용액의 비중 : 1.3～1.4
- 수용액의 pH : 12
- 축압식 지시압력 : 8.1～9.8 kg/cm^2

3. 산 알칼리 소화기

중탄산나트륨과 황산의 화학반응으로 생긴 탄산가스의 압력으로 물을 방출하는 소화기로 방출용액의 pH 5.5 이상이어야 하며, 30° 이하 기온 경우에는 약제가 혼합되지 않게 제작되어야 한다.

≫ 산 알칼리 소화기
- 화학반응식 : $2NaHCO_3 + H_2SO_4 \rightarrow Na_2SO_4 + 2CO_2 + 2H_2O$
- 방출방식 : 전도식, 파병식, 이중병식

(4) 억제소화

할로겐화합물을 소화약제로 사용 전기화재에 사용하고 억제(부촉매)효과와 이에 대한 상승효과인 희석 및 냉각효과를 가지므로 유류화재에도 사용한다.

- 내식 처리된 용기 또는 황동제 용기에 충진하여야 한다.
  (수분 흡수 시 약제의 변형으로 부식성 유발)
- 약제방출방식에는 수동펌프식, 가스가압식, 축압식이 있다.
- 할론 번호 : C(분자량 : 12), F(19), Cl(35.5), Br(79)의 개수 표시

약제이름	사염화탄소	일염화일브롬화 메탄	이브롬화사불화 에탄	일브롬화삼불화 메탄
화학식	CCl_4	CH_2ClBr	$C_2F_4Br_2$	CF_3Br
약 칭	CTC / 할론 1040	CB / 할론 1011	FB / 할론 1211	MTB / 할론 1301
반응식	공기 $2CCl_4 + O_2 \rightarrow 2COCl_2 + 2Cl_2$ 수분 $CCl_4 + H_2O \rightarrow COCl_2 + 2HCl$ 이산화탄소 $CCl_4 + CO_2 \rightarrow 2COCl_2$ 산화철 $3CCl_4 + Fe_2O_3 \rightarrow 3COCl_2 + 2FeCl_3$	-	요즘은 1211을 가장 많이 사용	가장 많이 사용된 소화기(소화제) 차고 / 주차장
적용화재	B, C급	B, C급	A, B, C급	B, C급
증기비중	5.3	4.48	9	5.1
독 성	강함 (현재 사용 안함)	CCl_4보다 3배	CH_2ClBr보다 2배	가장 적음

1. **사염화탄소 소화기**(BC급 화재, CTC소화기, 할론 1040)

- CCl_4, 테트라클로로메탄, 카본테트라클로라이드라고 하며, 무색투명하고 특이한 냄새가 나는 불연성 액체로 높은 온도에서 분해하여 독가스인 포스겐 가스 발생하며 알코올·에테르에는 녹으나 물에 녹지 않으며 절연성이 높아 고압전기에 안전하며 수분 함유 시 부식성이 강해진다.
- 비중 1.595, 비점 76.6℃, 융점 22.9℃, 기화열 46.5 kcal/kg, 증기비중 5.3이다.

2. **일염화일브롬메탄 소화기**(BC급 화재, CB소화기, 할론 1011)

- CH_2ClBr, 브로모클로로에탄이라 하며, 무색투명하고 특이한 냄새가 나는 불연성 액체로 알코올·에테르에는 녹으나 물에 녹지 않으며 할로겐화합물 소화기 중 가장 부식성이 강해 황동제 용기를 사용하며 사염화탄소소화기보다 소화능력은 약 3배이다.
- 비중 1.93~1.95, 비점 67.2℃, 융점 −86℃, 기화열 50 kcal/kg, 증기비중 4.48이다.

3. **이브롬화사불화에탄 소화기**(BC급 화재, FB소화기, 할론 2402)

- $C_2F_4Br_2$, 이취화사불화에탄, 디브로모테트라플루오르에탄이라 하며, 무색투명하고 특이한 냄새가 나는 불연성 액체로 내전성이 좋고 할로겐화합물 소화기 중 가장 우수한 소화기로 독성 및 부식성도 적고 내전성도 좋다.
- 비중 2.18, 비점 47.5℃, 융점 －110.5℃, 기화열 25 kcal/kg, 증기비중 8.97이다.

4. **일염화일브롬화이불화메탄 소화기**(ABC급 화재, BCF소화기, 할론 1211)

- CF_2ClBr, 브로모클로로디플루오르메탄이라 한다.
- 비중 1.75, 비점 －4℃, 융점 －160.5℃, 기화열 32 kcal/kg, 증기비중 5.71이다.

5. **일브롬화삼불화메탄 소화기**(BC급 화재, MTB소화기, 할론 1301)

- CF_3Br, 브로모트리플루오르메탄이라 하며 상온, 상압에서 기체상태이며 압축 시 무색무취의 액체로 내전성 및 소화효과가 좋고 할로겐화합물 소화약제 중 독성이 가장 낮다.
- 비중 1.499, 비점 －57.8℃, 융점 －168℃, 증기비중 5.14이다.

≫ 할로겐화합물 소화약제의 조건
- 비점이 낮을 것
- 기화되기 쉬울 것
- 공기보다 무겁고 불연성일 것

구분	증기압 (단위: kg/cm^2)	방사압력 (단위: kg/cm^2)
할론 2402	0	1
할론 1211	2	2
할론 1301	14	9

CHAPTER 3

소방시설의 설치 및 운영

I 소화설비의 설치 및 운영

» **소방시설의 정의**

소방시설(消防施設)은 화재를 탐지(감지)해서 통보함으로써 사람들을 보호하거나 대피시기고, 회제 초기단계에서 즉시 소화활동을 할 수 있도록 하며, 자동설비 또는 수동조작에 의해 화재진압을 할 수 있도록 하는 기계·기구 및 시스템을 말한다. 소방시설 설치·유지 및 안전관리에 관한 법률 시행령 별표 1에서 종류를 정의하고 있다.

(1) 소화설비의 종류 및 특성

1. 소화설비

물이나 그 밖의 소화제(消化劑)를 써서 불을 끄는 기계, 기구 및 설비를 통틀어 이르는 말. 소화기, 물탱크, 소화전(消火栓), 스프링클러(sprinkler), 동력 소방펌프 등이 있다.

① 소화기구(소화기, 간이소화용구) 및 간이소화용구(건조사, 팽창질석, 팽창진주암)

- (능력단위) 마른 모래 → 삽을 상비한 50 L 이상의 것 1포 : 0.5단위
- 팽창질석, 팽창진주암 → 삽을 상비한 160 L 이상의 것 1포 : 1단위

② 자동소화장치

③ 옥내소화전설비(호스릴 옥내소화전설비 포함)

④ 옥외소화전설비, 스프링클러설비, 동력소방펌프설비, 물분무소화설비, 분말소화설비, 이산화탄소소화설비, 포소화설비, [콘루프탱크(I, II형 표면하주입식), 플루팅루프탱크(특형 방출구, 굽 도리판)], 스프링클러설비등

⑤ 물분무등소화설비

구분	옥내소화전설비	옥외소화전설비	스프링클러설비
수원의 양	1.7 m^3	7 m^3	1.6 m^3
방수압	1.7 kg/cm^2	2.5 kg/cm^2	1.0 kg/cm^2
방수량	130 L/min(20분)	350 L/min	80 L/min
수평거리	25 m 이하	40 m 이하	65 m
방수구 구경	40 mm	65 mm	

2. 소화용수설비

화재를 진압하는데 필요한 물을 공급하거나 저장하는 설비로서 다음에 해당하는 것을 말한다.

① 상수도소화용수설비

② 소화수조 · 저수조, 그 밖의 소화용수설비

3. 소화활동설비

화재를 진압하거나 인명구조활동을 위해 사용하는 설비로서 다음에 해당하는 것을 말한다.

① 제연설비(밀폐제연방식, 자연제연방식, 스모크타워제연방식, 기계제연방식)

② 연결송수관설비

③ 연결살수설비

④ 비상콘센트설비(높이 1 m 이상 1.5 m 이하)

⑤ 무선통신보조설비(높이 0.8 m 이상 1.5 m 이하)

⑥ 연소방지설비

4. 소화설비 용어

> **≫ 소화기구 용어 해설**
> - 소화약제 : 방염성능이 있는 물질을 가공하여 불을 끌 수 있도록 하는 약제
> - 소형소화기 : 능력단위가 1단위 이상이고 대형소화기에 해당되지 않는 것
> - 대형소화기 : 능력단위가 A급은 10단위 이상 B급은 20단위 이상이고 사람이 운반할 수 있도록 운반대와 바퀴가 달린 것
>
> **≫ 대형소화기의 소화약제 충전량**
> - 포 20 L 이상 / 분말 20 kg 이상 / 할론 30 kg 이상 / 이산화탄소 50 kg 이상 / 강화액 60 L 이상 / 물 80 L 이상
> - 간이소화용구 : 소형소화기에 해당되지 않는 것

(2) 소화설비 설치기준

1. 수동식 소화기

① 각 층마다 설치하는 것이 원칙으로 소방대상물의 각 부분으로부터 수동식 소화기까지 거리는 소형은 보행거리 20 m, 대형은 30 m 이내가 되도록 배치
예외) 가연성 물질이 없는 작업장은 실정에 맞게 보행거리 완화 가능
예외) 지하구는 화재발생우려가 있거나 사람의 접근이 쉬운 장소에만 설치한다.

② 각 층이 2 이상의 거실로 구획된 경우에는 ①의 기준에다 바닥면적이 33 m^2 이상으로 구획된 각 거실에도 배치해야 함

③ 지하가 중 터널에는 능력단위 3단위 이상 소화기를 50 m 이내마다 설치

④ 능력단위가 2단위 이상 되게 소화기를 설치해야 하는 대상물에는 간이소화용구의 능력단위 수치의 합계가 전체 능력단위 합계수의 반을 넘으면 안 됨

⑤ 소화기구는 바닥으로부터 1.5 m 이내에 설치

⑥ 소화기는 소화기, 마른 모래는 소화용 모래, 팽창진주암이나 팽창질석은 소화질석이라고 표지를 보기 쉬운 곳에 설치

2. 자동식 소화기

① 소화약제의 방출구 : 환기구의 청소부분과 분리되어 있어야 함
② 감지부는 형식승인된 유효높이와 높이에 설치
③ 가스차단장치는 주방배관 개폐밸브로부터 2 m 이내에 설치하여 항시 확인점검 가능하게 설치
④ 탐지부는 수신부와 분리하여 설치하고 공기보다 가벼운 가스사용하는 곳에는 천장에서 30 cm 이내에 무거운 가스사용 시에는 바닥에서 30 cm 이내에 설치
⑤ 수신부는 주위의 열기류나 습기 등에 영향을 받지 않고 항시 볼 수 있는 장소에 설치
⑥ 이산화탄소, 할로겐화합물을 방사하는 소화기구는 지하층, 무창층, 밀폐된 거실로 그 바닥면적이 20 m^2 미만의 장소에는 설치하면 안 된다.

≫ 간이소화용구의 능력단위
- 마른 모래를 삽을 상비한 50 L 이상 1포 있다면 0.5단위 인정
- 소화질석을 삽을 상비한 160 L 이상 1포 있다면 1단위 인정

≫ 대상물별 소화기구의 능력단위 기준
- 위락시설 : 해당용도 바닥면적 30 m^2마다 능력단위 1단위 이상
- 공연장, 집회장, 관람장, 문화재 및 의료시설 : 50 m^2마다 1단위 이상
- 근린생활시설, 판매 및 영업, 숙박, 노유자, 전시장, 아파트, 업무, 통신촬영, 공장, 창고, 운수자동차관련, 관광휴게시설 : 100 m^2마다 능력단위 1단위 이상
- 그 밖의 것 : 200 m^2마다 1단위 이상

(3) 위험물별 소화설비 구분표

구 분	설치위치	방수량	방수압력	수원의 수량
옥내소화전	25 m	130 L	1.7 kg/cm^2	2.6
옥외소화전	40 m	350 L	2.5 kg/cm^2	7
스프링클러	10 m	80 L	1.0 kg/cm^2	1.6
연결송수관	50 m	450 L	3.5 kg/cm^2	

(4) 소화설비 사용법

「위험물안전관리법 시행규칙」 [별표 17] 참고

II 경보 및 피난설비의 설치기준

「위험물안전관리법 시행규칙」 [별표 17] 참고

(1) 경보설비 종류 및 특징

화재발생 사실을 통보하는 기계·기구 또는 설비로서 다음에 해당하는 것을 말한다.

1. 단독경보형 감지기
2. 비상경보설비(비상벨, 자동식 사이렌설비, 단독경보형 감지기)
3. 통합감지시설
4. 가스누설감지 경보시설
5. 누전감지기
6. 자동화재탐지설비(0.8～1.5 m 이하)
7. 자동화재속보설비(0.8～1.5 m 이하)
8. 비상방송설비(비상벨설비, 자동식 사이렌, 단독경보형 감지기)

(2) 경보설비 설치기준

「위험물안전관리법 시행규칙」 [별표 17] 참고

(3) 피난설비의 설치기준

화재가 발생할 경우 피난하기 위하여 사용하는 기구 또는 설비로서 다음에 해당하는 것을 말한다.

1. 피난기구
   (피난사다리, 피난교, 피난로프, 피난용 트랩, 완강기, 구조대, 미끄럼대, 미끄럼봉)
2. 인명구조기구
   (공기호흡기, 방열복)
3. 유도등 및 유도표지

① 피난구 유도등

㈀ 바닥으로부터 1.5 m 이상에 설치, "녹색바탕에 백색문자"

㈁ 조도 : 30 m 거리에서 문자 및 색채 구분가능

② 통로 유도등 (바닥으로부터 1 m 이하)

㈀ 실내통로유도등, 복도통로유도등 : 보행거리 20 m 이내마다 설치

$$\left(\frac{\text{보행거리}}{20\text{ m}}-1\right)$$

㈁ 계단통로유도등 : "백색바탕에 녹색문자"

㈂ 조도 : 통로유도등 바로 밑바닥으로부터 0.5 m 떨어진 지점에서 측정하여 1 Lux 이상

③ 객석 유도등

조도(통로중심선에서 0.2 Lux 이상), 보행거리 4 m 이내마다 설치

$$\left(\frac{\text{보행거리}}{4\text{ m}}-1\right)$$

④ 유도표지

보행거리 15 m 이내마다 설치 $\left(\frac{\text{보행거리}}{15\text{ m}}-1\right)$

4. 비상조명등 및 휴대용 비상조명등

PART

위험물의 성질과 취급 2

CHAPTER 1

위험물의 종류 및 성질

I 제1류 위험물

(1) 제1류 위험물의 종류 및 화학적 성질

1. 공통성질

① 무색결정 또는 백색분말이며 비중이 1보다 크고 수용성인 것이 많다.

② 불연성이며 산소를 많이 함유하고 있는 강산화제

③ 반응성이 풍부하여 열 타격, 충격, 마찰 및 다른 약품과의 접촉으로 분해하여 많은 산소 방출

④ 알칼리금속 과산화물은 물과 접촉하여 산소를 발생한다. 마른 모래, 팽창질석, 팽창진주암, 금속화재용 분말 소화약제 등으로 질식소화

(2) 제1류 위험물의 저장·취급

1. 저장 및 취급방법(산화성 고체)

① 조해성이 있으며 습기에 주의, 용기는 밀폐하여 저장

② 용기파손에 의한 위험물 누설에 주의

③ 환기 잘되는 찬 곳에 저장

④ 열원 및 산화되기 쉬운 물질과 멀리한다.

⑤ 다른 약품 및 가연물과의 접촉을 피한다.

2. 제1류 위험물 종류

① 아염소산나트륨 ($NaClO_2$)

② 염소산칼륨 ($KClO_3$)

(ㄱ) 분해온도 400℃, 융점 370℃, 비중 2.34

(ㄴ) 무색 단사정계 판상결정 또는 백색 분말

(ㄷ) 온수 글리세린에는 잘 녹으나 냉수 알코올에는 녹기 어렵다.

(ㄹ) 400℃ 분해 시 $2KClO_3 \rightarrow KClO_4 + KCl + O_2$

(염소산칼륨) → (과염소산칼륨) + (염화칼륨) + (산소)

(ㅁ) 610℃ 분해 시 $KClO_4 \rightarrow KCl + 2O_2$

(과염소산칼륨) → (염화칼륨) + (산소)

③ 염소산나트륨 ($NaClO_3$)

(ㄱ) 분해온도 300℃, 융점 250℃, 비중 2.5

(ㄴ) 무색, 무취의 입방정계, 주상결정

(ㄷ) 알코올, 에테르, 물에 잘 녹으며 조해성이 크다.

(ㄹ) 철을 부식시키므로 철제용기 저장 불가

④ 과산화칼륨 (K_2O_2)

(ㄱ) 융점 490℃, 비중 2.9

(ㄴ) 무색 또는 오렌지색의 비정계물질

(ㄷ) 물과 접촉하여 수산화칼륨과 산소가스 발생, 폭발

(ㄹ) 용기는 수분이 들어가지 않게 밀전 밀봉

(ㅁ) 물과의 반응식 $2K_2O_2 + 2H_2O \rightarrow 4KOH + O_2$

(과산화칼륨) + (물) → (수산화칼륨) + (산소)

(ㅂ) 탄산가스와의 반응식 $2K_2O_2 + 2CO_2 \rightarrow 2K_2CO_3 + O_2$

(과산화칼륨) + (탄산가스) → (탄산칼륨) + (산소)

(ㅅ) 초산화 반응식 $K_2O_2 + 2CH_3COOH \rightarrow 2CH_3COOK + H_2O_2$

(과산화칼륨) + (아세트산, 초산) → (초산칼륨) + (과산화수소)

⑤ **과산화마그네슘 (MgO_2)**

(ㄱ) 시판품의 MgO_2 분포 : 15～25%

(ㄴ) 백색 분말이며 물에 녹지 않는다.

(ㄷ) 환원성 물질과 혼합하면 가열, 마찰에 의해 폭발

(ㄹ) 가열분해 반응식 $2MgO_2 \rightarrow 2MgO + O_2$

(과산화마그네슘) → (산화마그네슘)+(산소)

(ㅁ) 산과 반응 $MgO_2 + 2HCl \rightarrow MgCl_2 + H_2O_2$

(과산화마그네슘)+(염산) → (염화마그네슘)+(과산화수소)

⑥ **질산칼륨 (KNO_3)**

(ㄱ) 분해온도 400℃, 융점 336℃, 비중 2.098

(ㄴ) 무색 또는 백색 결정, 분말이며 초석이라 부른다.

(ㄷ) 물, 글리세린에 잘 녹고 알코올에는 난용이다.

(ㄹ) 열분해 반응식 $2KNO_3 \rightarrow 2KNO_2 + O_2$

(질산칼륨) → (아질산칼륨)+(산소)

⑦ **질산나트륨 ($NaNO_3$)**

(ㄱ) 분해온도 380℃, 융점 308℃, 비중 2.26

(ㄴ) 무색, 무취의 투명한 결정 또는 분말로 칠레초석이라 부른다.

(ㄷ) 열분해 반응식 $2NaNO_3 \rightarrow 2NaNO_2 + O_2$

(질산나트륨) → (아질산나트륨)+(산소)

II 제2류 위험물

(1) 제2류 위험물의 종류 및 화학적 성질

1. 공통성질(가연성 고체) : 주수에 의한 냉각소화

① 연소속도 빠른 고체

② 낮은 온도에서 착화되기 쉬운 물질
③ 연소 시 유독가스 발생
④ 철분, 마그네슘, 금속분류는 산 또는 물과의 접촉을 피한다.

(2) 제2류 위험물의 저장·취급

1. 저장 및 취급방법

① 용기의 파손으로 위험물 누설에 주의
② 점화원으로부터 멀리하고 가열을 피한다.
③ 산화제와의 접촉을 피한다.
④ 철분, 마그네슘, 금속분류는 산 또는 물과의 접촉을 피한다.

2. 제2류 위험물 종류

① **삼황화린** (P_4S_3)

(ㄱ) 착화점 100℃, 융점 172.5℃, 비중 2.03
(ㄴ) 황색 결정이며 연소 시 오산화인가스, 아황산가스를 발생
(ㄷ) 물, 염소, 황산에 녹지 않는다.
(ㄹ) 연소반응식 $P_4S_3 + 8O_2 \rightarrow 2P_2O_5 + 3SO_2$
(삼황화린)+(산소) → (오산화인)+(아황산가스)

② **오황화린** (P_2S_5)

(ㄱ) 융점 290℃, 비점 514℃, 비중 2.09
(ㄴ) 담황색 결정의 조해성 물질이며 물과는 황화수소(H_2S)와 인산(H_3PO_4)을 발생
(ㄷ) 물과의 분해반응식 $P_2S_5 + 8H_2O \rightarrow 5H_2S + 2H_3PO_4$
(오황화린)+(물) → (황화수소)+(인산)

③ **칠황화린** (P_4S_7)

(ㄱ) 융점 310℃, 비점 523℃, 비중 2.19
(ㄴ) 담황색 결정이며 조해성이 있다.

(ㄷ) 냉수에서는 서서히 온수에서는 급격히 분해, 황화수소 발생

④ 적린 (P; 붉은 린)

(ㄱ) 융점 600℃, 착화점 260℃, 비중 2.2

(ㄴ) 연소생성물은 P_2O_5(오산화인)

(ㄷ) 적린의 반응식 $4P + 5O_2 \rightarrow 2P_2O_5$

(적린)+(산소) → (오산화인)

⑤ 황 (S; 유황)

(ㄱ) 순도 60중량% 미만은 위험물에서 제외

(ㄴ) 황은 황색의 결정으로 사방정계, 단사정계, 비정계의 3종류가 있다.

(ㄷ) 황의 연소반응식 $S + O_2 \rightarrow SO_2$

⑥ 마그네슘 (Mg)

(ㄱ) 마그네슘 또는 마그네슘을 포함한 것 중 2 mm 체를 통과하지 아니하는 덩어리 및 직경 2 mm 이상의 막대모양의 것은 제외한다.

(ㄴ) 융점 650℃, 비중 1.74

(ㄷ) 은백색의 광택이 나는 가벼운 금속

(ㄹ) 자연발화 위험성이 있다.

(ㅁ) 더운 물과는 급격히 반응하여 H_2(수소) 발생

(ㅂ) 공기 중의 부유된 미분은 분진폭발의 위험이 있다.

(ㅅ) 연소반응식 $2Mg + O_2 \rightarrow 2MgO + (2 \times 143.7)\ kcal$

(마그네슘)+(산소) → (산화마그네슘)+(반응열)

⑦ 철분 (Fe)

53 um 표준체를 통과하는 것이 50중량% 이상인 것을 위험물로 본다.

⑧ 인화성 고체

고형 알코올 그 밖에 1기압에서 인화점이 40℃ 미만인 고체를 말한다.

(ㄱ) 락카 퍼티 : 락카 에나멜의 기초 도료

(ㄴ) 고무풀 : 생고무에 인화성 용제 가공하여 풀과 같은 상태

(ㄷ) 기타 인화점 40℃ 미만 : 고형 알코올 30℃

(ㄹ) 메타알데히드 36℃

(ㅁ) 제3부틸알코올 11.1℃

III 제3류 위험물

(1) 제3류 위험물의 종류 및 화학적 성질(금수성 및 자연발화성);

마른 모래, 팽창질석, 팽창진주암, 탄산수소염류 등 금속화재용 분말 소화약제

1. 공통성질

① 자연발화성 물질은 공기 또는 물과 접촉하여 가연성 가스 발생하며 폭발적으로 연소

② 금수성 물질은 물과 만나면 가연성 가스 발생, 폭발적으로 연소

(2) 제3류 위험물의 저장·취급

1. 저장 및 취급방법

① 용기파손 및 부식을 막으며 공기 또는 수분의 접촉방지

② 보호액속에 저장 시 표면에 노출되지 않게 한다.

③ 다량 저장 시 소분하여 저장

④ 물과 접촉하여 가연성 가스 발생하므로 화기로부터 멀리한다.

2. 제3류 위험물 종류

① 칼륨 (K; 포타시움)

㈀ 융점 63.5℃, 비점 762℃, 비중 0.857

㈁ 은백색 광택의 무른 경금속으로 연소 시 보라색 불꽃을 낸다.

㈂ 소분법 : 소분 병에 석유를 넣는다.

㈃ 마른 핀셋으로 원병에서 집어내어 마른판 위에 놓는다.

㈄ 마른 핀셋으로 잡고 마른 칼로 자른다.

(ㅂ) 소분 병에 넣고 습기가 닿지 않도록 밀전 밀봉한다.

(ㅅ) 금속칼륨 보호액 : 석유 (등유, 경유, 유동파라핀)

(ㅇ) 물과의 반응식 $2K + 2H_2O \rightarrow 2KOH + H_2 + 92.8\ kcal$

(칼륨)+(물) → (수산화칼륨)+(수소)+(반응열)

② 알킬알루미늄

(ㄱ) 공기 또는 물과의 접촉으로 자연발화

(ㄴ) 상온에서 무색 투명의 액체 또는 고체

(ㄷ) 용기완전 밀봉하고 공기 및 물과의 접촉을 피한다.

(ㄹ) 용기 상부 불연성 가스(N_2)로 봉입

(ㅁ) 희석제 : 벤젠, 헥산

③ 황린 (P_4; 백린)

(ㄱ) 착화점 50℃, 융점 44℃, 비중 1.83

(ㄴ) 백색 또는 담황색의 고체로 어두운 곳에서 인광 발생

(ㄷ) 증기 유독, 치사량 : 0.02～0.05 g

(ㄹ) 연소 시 오산화린(P_2O_5) 발생

(ㅁ) 물속에 저장

(ㅂ) 인화수소(PH_3)의 생성방지하기 위하여 보호액 pH 9 유지

(ㅅ) 연소반응식 $P_4 + 5O_2 \rightarrow 2P_2O_5$

(황린)+(산소) → (오산화린)

④ 인화칼슘 (Ca_3P_2; 인화석회)

(ㄱ) 융점 1600℃, 비중 2.51

(ㄴ) 적갈색 괴상의 고체

(ㄷ) 물 또는 약산과 반응하여 포스핀(PH_3) 가스 발생

(ㄹ) 화학반응식 $Ca_3P_2 + 6H_2O \rightarrow 3Ca(OH)_2 + 2PH_3$

(인화칼슘)+(물) → (수산화칼슘)+(포스핀)

⑤ 탄화칼슘 (CaC_2; 카바이트)

(ㄱ) 융점 2300℃, 비중 2.2, 연소범위 2.5～81%

(ㄴ) 수분과 접촉으로 아세틸렌가스 발생

(ㄷ) 습기 없는 밀폐용기에 저장

(ㄹ) 용기에는 불연성 가스 질소(N_2), 봉입

(ㅁ) 화학반응식 $CaC_2 + 2H_2O \rightarrow Ca(OH)_2 + C_2H_2 + 27.8\,kcal$
(탄화칼슘)+(물) → (수산화칼슘)+(아세틸렌)+(반응열)

⑥ **탄화알루미늄 (Al_4C_3)**

(ㄱ) 분해온도 1400℃, 비중 2.36

(ㄴ) 물과 반응하여 메탄가스 발생

(ㄷ) 화학반응식 $Al_4C_3 + 12H_2O \rightarrow 4Al(OH)_3 + 3CH_4$
(탄화알루미늄)+(물) → (수산화알루미늄)+(메탄)

IV 제4류 위험물

(1) 제4류 위험물의 종류 및 화학적 성질(인화성 액체);

질식소화(수용성은 안개상 분무)

1. 공통성질

① 인화되기 쉽다.

② 증기는 공기보다 무겁다.

③ 물보다 가볍고 물에 녹기 어렵다.

④ 증기는 공기와 약간 혼합되어도 연소우려 있다.

(2) 제4류 위험물의 저장·취급

1. 저장 및 취급방법

① 용기는 밀전하여 통풍이 잘되는 찬 곳에 저장

② 화기 및 점화원으로부터 먼 곳에 저장

③ 정전기 발생에 주의하여 저장
④ 증기는 높은 곳으로 배출

2. 제4류 위험물 종류

2.1 특수인화물

① 1기압에서 액체로 되는 것으로서 인화점 −20℃ 이하, 비점 40℃ 이하인 것
② 1기압에서 액체로 되는 것으로서 착화점 100℃ 이하인 것

2.2 디에틸에테르 ($C_2H_5OC_2H_5$)

① 일반식 R−O−R"
② 인화점 −45℃, 착화점 180℃, 연소범위 1.9∼48%
③ 액체는 물에 약간 녹고 알코올에 잘 녹는다.
④ 직사일광에서 분해하여 과산화물 생성하므로 갈색병에 저장
⑤ 운반용기의 공간용적은 2% 이상으로 한다.

2.3 이황화탄소 (CS_2)

① 인화점 −30℃, 착화점 90℃, 연소범위 1∼44%, 비중 1.26
② 무색투명 액체이나 일광에 쬐이면 황색으로 변색
③ 증기는 유독하다.
④ 연소 시 아황산가스(SO_2) 발생, 연한 파란 불꽃
⑤ 수조(물탱크)에 저장, 제4류 중 착화점이 가장 낮다.
⑥ 연소반응식 $CS_2 + 3O_2 \rightarrow CO_2 + 2SO_2$
(이황화탄소)+(산소) → (이산화탄소)+(아황산가스)

2.4 아세트알데히드 (CH_3CHO)

① 일반식 R−CHO
② 인화점 −38℃, 착화점 185℃, 연소범위 4.1∼57%, 비점 21
③ 물에 잘 녹는 무색투명한 액체
④ 구리, 은, 수은 마그네슘과의 접촉으로 중합반응 일어난다.

⑤ 용기 내부 불연성 가스(N_2)로 봉입
⑥ 저장온도 : 비점 이하로 유지
⑦ 구리, 은, 수은, 마그네슘으로 된 합금용기 사용 불가
⑧ 아세트알데히드는 환원성이 좋으므로 은거울반응 및 페일링반응을 한다.

2.5 산화프로필렌 (OCH_2CHCH_3)

① 인화점 −37℃, 연소범위 2.5∼38.5%, 비점 34℃
② 물에 잘 녹는 무색투명한 액체
③ 구리, 은, 수은, 마그네슘과 접촉으로 아세틸라이드 생성
④ 용기 상부 는 불연성 가스(N_2) 봉입시켜 저장
⑤ 용기는 구리, 은, 수은, 마그네슘 합금 사용용기 불가

2.6 제1석유류 (비 200 L, 수용성 400 L)

① 아세톤 (CH_3COCH_3)

(ㄱ) 일반식 R−CO−R
(ㄴ) 인화점 −18℃, 착화점 538℃, 연소범위 2.6∼12.8%
(ㄷ) 일광에 쬐이면 분해하여 과산화물 생성하여 황색으로 변색
(ㄹ) 요오드포름반응(노란색 침전물이 생기는 것)

② 휘발유 (가솔린)

(ㄱ) 주성분 : 포화, 불포화 탄화수소 혼합물
(ㄴ) 인화점 −43∼−20℃, 착화점 300℃, 연소범위 1.4∼7.6%
(ㄷ) 가솔린제조방법 : 직류법 (분류법)
(ㄹ) 분해증류법 (크래킹)
(ㅁ) 접촉개질법 (리포오밍)
(ㅂ) 옥탄값 : 이소옥탄을 100, 노르말헵탄을 0으로 하여 가솔린 품질 정하는 기준
(ㅅ) BTX : 벤젠, 톨루엔, 크실렌

③ 벤젠 (C_6H_6)

(ㄱ) 인화점 −11℃, 융점 5.5℃, 착화점 562℃, 연소범위 1.4∼7.1%
(ㄴ) 정전기 발생에 주의

㈐ 연소반응식 $2C_6H_6 + 15O_2 \rightarrow 12CO_2 + 6H_2O$
(벤젠)+(산소) → (이산화탄소)+(물)

④ **톨루엔** ($C_6H_5CH_3$)

㈎ 인화점 4℃, 착화점 552℃, 연소범위 1.4～6.7%

㈏ 무색투명하고 독성이 있으며 트리니트로톨루엔(TNT)의 원료이다.

㈐ 연소반응식 $C_6H_5CH_3 + 9O_2 \rightarrow 7CO_2 + 4H_2O$
(톨루엔)+(산소) → (이산화탄소)+(물)

㈑ 초산메틸 (CH_3COOCH_3)
- 일반식 R－COO－R"
- 인화점 －10℃, 착화점 454℃, 용해도 24.5%, 비점 57℃
- 독성이 있으므로 취급에 주의

㈒ 초산에틸 ($CH_3COOC_2H_5$)
- 인화점 －4℃, 착화점 427℃, 용해도 8.7%, 비점 77℃
- 인공향료로 사용 (파인애플향)

㈓ 초산프로필 ($CH_3COOC_3H_7$)
- 인화점 14℃, 착화점 450℃, 용해도 2.3%, 비점 102℃

㈔ 의산메틸 ($HCOOCH_3$) : 개미산, 포름산 메틸
- 일반식 R－COO－R"
- 인화점 －19℃, 착화점 449℃, 용해도 23.3%, 비점 32℃
- (의산＋메틸알코올)의 축합물, 럼주향이 난다
- 소화 시 포말은 알코올 폼 사용

㈕ 의산에틸 ($HCOOC_2H_5$)
- 인화점 －20℃, 착화점 578℃, 용해도 13.6%, 비점 54℃

⑤ **메틸에틸케톤** ($CH_3COC_2H_5$)

㈎ 일반식 R－CO－R"

㈏ 인화점 －1, 착화점 516

㈐ 피부와 접촉하여 탈지작용을 한다.

㈑ 직사일광에서 분해

⑥ **피리딘** (C_5H_5N)

㈎ 인화점 20℃, 착화점 482℃, 허용농도 5 ppm

(ㄴ) 독성 및 악취

⑦ **알코올류**

1분자를 구성하는 탄소원자의 수가 1~3개의 포화 1가 알코올로서 알코올 수용액의 농도가 60중량% 이상인 것

(ㄱ) 메틸알코올 (CH_3OH) : 메탄올

- 일반식 R－OH
- 인화점 11℃, 착화점 464℃, 비점 65℃, 연소범위 7.3~36%
- 독성 30~100 mL 복용 시 치사 및 실명
- 소화 시 알코올포 사용
- 메틸알코올이 산화하면 의산(포름산)이 된다.

(ㄴ) 에틸알코올 (C_2H_5OH) : 주정, 에탄올

- 일반식 R－OH
- 인화점 13℃, 착화점 423℃, 비점 79℃, 연소범위 4.3~19%
- 검출법 : 요오드포름반응으로 황색침전
- 에틸알코올이 산화되면 초산이 된다.

2.7 제2석유류 (비 1000 L, 수 2000 L)

① **등유** : 케로신

(ㄱ) 주성분 : 탄산수 C^9~C^{18}가 되는 포화, 불포화탄화수소 혼합물

(ㄴ) 인화점 40~70℃, 착화점 220℃, 연소범위 1.1~6%

② **경유** : 디젤유

(ㄱ) 주성분 : 탄소수 C^{15}~C^{20}가 되는 포화, 불포화탄화수소 혼합물

(ㄴ) 인화점 50~70℃, 착화점 200℃, 연소범위 1~6%

③ **의산 (HCOOH)** : 개미산, 포름산

(ㄱ) 일반식 R－COOH

(ㄴ) 인화점 69℃, 착화점 601℃, 연소범위 5.4~16%, 비중 1.218

(ㄷ) 물에 잘 녹으며 물보다 무겁다.

(ㄹ) 저장법 : 내산성 용기

(ㅁ) 연소 시 푸른색 불꽃

④ **초산** (CH_3COOH) : 빙초산, 아세트산

㈀ 일반식 R－COOH

㈁ 인화점 40℃, 착화점 427℃, 융점 16.6℃, 비중 1.05

㈂ 물에 잘 녹으며 물보다 무겁다.

㈃ 3～5% 수용액을 식초라 한다.

⑤ **테레핀유** ($C_{10}H_{16}$) : 소나무 등의 껍질에 상처를 내어 얻은 수지를 수증기로 증류

㈀ 인화점 35℃, 착화점 240℃, 비점 153～175℃

㈁ 피넨($C_{10}H_{16}$) 80～90%가 주성분

㈂ 물에 녹지 않으며 헝겊 및 종이 등에 스며들어 자연발화

⑥ **스타이렌** ($C_6H_5CHCH_2$)

인화점 32℃, 착화점 490℃, 비점 146℃, 허용도 50 ppm

⑦ **크실렌** [$C_6H_4(CH_3)_2$]

㈀ o-크실렌 : 인화점 30, 허용농도 200 ppm

㈁ m-크실렌 : 인화점 25, 허용농도 200 ppm

㈂ p-크실렌 : 인화점 25, 허용농도 200 ppm

⑧ **장뇌유**

㈀ 인화점 47℃

㈁ 백색 유 : 방부제

㈂ 적색 유 : 비누향료

㈃ 감색 유 : 선광유

⑨ **송근유**

㈀ 인화점 54～78℃, 착화점 355℃, 비점 155～180

㈁ 황갈색의 독특한 냄새가 나는 액체

⑩ **클로로벤젠** (C_6H_5Cl)

㈀ 인화점 32℃, 허용농도 75 ppm

㈁ 물보다 무겁고 마취성이 있으며 DDT의 원료

2.8 제3석유류 (비 2000 L, 수 4000 L)

① 중유

㈀ 직류중유 : 인화점 60~150℃, 착화점 254~405℃
(원유 300~350℃에서 추출하여 경유 혼합한 것, 디젤기관연료로 사용)

㈁ 분해중유 : 인화점 70~150℃ 착화점 380℃
(보일러 원료로 사용)

- 슬롭 오버 : 화재면의 액체가 포말 과함께 혼합되어 넘쳐흐르는 현상
- 보일 오버 : 연소열에 의하여 탱크내부의 수분이 팽창 기름이 넘치는 현상

② 크레오소트유 (타르유)

㈀ 인화점 74℃, 착화점 336℃, 비중 1

㈁ 타르산이 함유되어 용기를 부식하므로 내산성 용기에 수납

㈂ 목재의 방부제로 사용

③ 니트로벤젠 ($C_6H_5NO_2$)

㈀ 인화점 88℃, 착화점 482℃

㈁ 벤젠을 니트로화 하여 만든 것

㈂ 물보다 무겁고 독성이 강하다.

④ 아닐린 ($C_6H_5NH_2$)

㈀ 인화점 75℃, 착화점 538℃, 비중 1.022, 융점 −6

㈁ 황색 또는 담황색이며 직사일광에서 적갈색으로 변함

㈂ 황산용액에서 이산화망간(MnO_2)으로 산화시키면 니트로벤젠이 된다.

⑤ 글리세린 [$C_3H_5(OH)_3$]

㈀ 인화점 160℃, 착화점 393℃, 비점 290℃, 비중 1.26

㈁ 단맛 내는 정조한 액체

㈂ 3가 알코올로서 물보다 무겁다.

㈃ 화장품원료로 사용

⑥ 담금질유

철, 강철 기타 금속을 900℃ 정도로 가열하여 기름 속에 냉각시킬 때 사용하는 기름

2.9 제4석유류 (6000 L)

방청유, 가소제, 담금질유, 전기절연유, 윤활유

2.10 동·식물유 (10000 L)

- 동물의 지육 또는 식물의 종자나 과육으로부터 추출한 기름
- 요오드값 : 유지 100 g에 부가되는 요오드의 g수

① **건성유** : 요오드값 130 이상
  (ㄱ) 동물유 : 정어리기름, 대구, 상어유
  (ㄴ) 식물유 : 해바라기, 동유, 아마인유
  (ㄷ) 저장법 : 자연발화
  (ㄹ) 화기 및 점화원으로부터 멀리
  (ㅁ) 증기 및 액체누설에 주의

② **반건성유** : 요오드값 100~130 미만
  (ㄱ) 동물유 : 청어유
  (ㄴ) 식물유 : 쌀겨, 면실유, 채종유, 옥수수기름, 참기름, 콩기름

③ **불건성유** : 요오드값 100 미만
  (ㄱ) 동물유 : 쇠기름, 돼지기름, 고래기름
  (ㄴ) 식물유 : 피자마, 올리브, 땅콩, 야자유

④ **특수가연물**
  (ㄱ) 면화유 : 불연성 또는 난연성이 아닌 면상 또는 팽이모양의 섬유와 마사원료
  (ㄴ) 넝마 및 종이 부스러기 : 불연성·난연성이 아닌 (동·식물유가 깊이 스며들어 있는 옷감, 종이)에 한한다.
  (ㄷ) 볏짚류 : 마른 볏짚, 북대기와 이들의 제품 및 건초
  (ㄹ) 사류 : 불연성·난연성 아닌 (실 부스러기, 솜털 포함) 누에고치를 말함
  (ㅁ) 석탄, 목탄류 : 코크스, 석탄가루 물에 갠 것, 조개탄, 연탄 등

V 제5류 위험물

(1) 제5류 위험물의 종류 및 화학적 성질(자기 반응성 물질); 주수소화

1. 공통성질

① 자기연소를 일으키며 연소속도는 매우 빠르다.
② 가열, 충격, 마찰에 의한 폭발의 위험이 있다.
③ 시간의 경과에 따라 자연발화 위험

(2) 제5류 위험물의 저장·취급

1. 저장 및 취급

① 용기는 밀전, 밀봉, 포장 외부에, 화기엄금, 충격주의 표시
② 용기파손 및 균열에 주의 실온, 통풍, 습기에 주의
③ 화재발생 시 소화 곤란하므로 소분하여 저장
④ 점화원 및 분해 촉진시키는 것으로부터 멀리한다.

2. 제5류 위험물 종류

① 질산메틸 (CH_3ONO_2)

㈀ 비점 66℃, 비중 2.65
㈁ 비점 이상 가열하면 폭발한다.

② 질산에틸 ($C_2H_5ONO_2$)

㈀ 인화점 10℃, 융점 −94.6℃, 비점 88℃, 비중 3.14
㈁ 무색투명 액체, 단맛, 알코올에 녹고 물에 녹지 않는다.
㈂ 아질산과 같이 있으면 폭발

③ **니트로글리세린** [$C_3H_5(ONO_2)_3$]

(ㄱ) 비점 160℃, 허용농도 0.02 ppm

(ㄴ) 무색투명 기름형태의 액체로 약칭 : NG

(ㄷ) 규조토에 흡수시킨 것을 다이너마이트라 한다.

(ㄹ) 폭발반응식 $4C_3H_5(ONO_2)_3 \rightarrow 12CO_2 + 10H_2O + 6N_2 + O_2$

(니트로글리세린) → (이산화탄소) + (수증기) + (질소) + (산소)

④ **니트로셀룰로오스** : 질화면, 면화약; NC

(ㄱ) 분해온도 130℃, 자연발화온도 180℃

(ㄴ) 셀룰로오스(정제된 목화솜)를 진한 질산과 진한 황산에 혼합시켜 제조한 것

(ㄷ) 저장 및 수송 시에는 물이나 알코올로 습면시킨다.

(ㄹ) 물에 녹지 않고 직사일광 및 산에서 자연발화

(ㅁ) 분해반응식

$2C_{24}H_{29}O_9(ONO_2)_{11} \rightarrow 24CO + 24CO_2 + 17H_2 + 12H_2O + 11N_2$

(니트로셀룰로오스)→(일산화탄소) + (이산화탄소) + (수소) + (수증기) + (질소)

⑤ **과산화벤조일** [$(C_6H_5CO)_2O_2$] : 벤조일 퍼옥사이드

(ㄱ) 분해온도 75～80℃, 발화점 125℃, 융점 106～108℃, 비중 1.33

(ㄴ) 습기 없는 냉암소 보관

(ㄷ) 시판품의 희석제 : 프탈산디메틸, 프탈산디부틸

⑥ **과산화메틸에틸케톤** [$(CH_3COC_2H_5)_2O_2$] : MEKPO

(ㄱ) 분해온도 40℃, 인화점 58℃, 발화점 205℃, 융점 －20℃

(ㄴ) 무색 독특한 냄새나는 액체

(ㄷ) 희석제 : 프탈산디메틸·부틸 50～60%

⑦ **트리니트로톨루엔** [$C_6H_2CH_3(NO_2)_3$] : T, N, T

(ㄱ) 착화점 300℃, 융점 81℃, 비점 280℃, 비중 1.66

(ㄴ) 담황색의 침상결정으로 일광에서 다갈색으로 변한다.

(ㄷ) 강력한 폭약

(ㄹ) 물에 녹지 않고 아세톤, 벤젠, 알코올에 잘 녹으며 가열, 타격 등에 의해 폭발

(ㅁ) 분해반응식 $2C_6H_2CH_3(NO_2)_3 \rightarrow 12CO + 2C + 3N_2 + 5H_2$

⑧ **트리니트로페놀** $[C_6H_2OH(NO_2)_3]$: T, N, P

(ㄱ) 착화점 300℃, 융점 122.5℃, 비점 255℃, 비중 1.8

(ㄴ) 휘황색의 침상결정으로 피크린산이라고 한다.

(ㄷ) 쓴맛과 독성이 있으며 폭약 및 황색염료 등으로 사용

(ㄹ) 단독으로는 마찰, 충격에 안전

(ㅁ) 찬물에는 적게 녹으나 더운물, 알코올, 에테르, 벤젠에 잘 녹는다.

(ㅂ) 분해반응식 $2C_6H_2OH(NO_2)_3 \rightarrow 4CO_2 + 6CO + 3N_2 + 2C + 3H_2$

(피크린산)→(이산화탄소)+(일산화탄소)+(질소)+(탄소)+(수소)

⑨ **니트로소화합물**

하나의 벤젠핵에 2 이상의 니트로소기가 결합된 것

⑩ **아조화합물**

아조기(－N＝N－)가 알킬기의 탄소원자와 결합해 있는 유기화합물

⑪ **디아조화합물**

탄소섬유에 결합한 디아조기(＝N_2)를 갖는 쇄식 화합물

⑫ **히드라진** (N_2H_4)

유기화합물로부터 얻어진 물질

(40용량% 이상의 수용액은 제4류 위험물로 본다.)

⑬ **히드록실아민** (NH_2OH)

유기합성, 사진정착액, 가열하면 폭발

VI 제6류 위험물

(1) 제6류 위험물의 종류 및 화학적 성질(산화성 액체);

다량의 물에 의한 주수소화, 인산염류 분말에 의한 질식소화방법, 마른 모래, 중화제(생석회, 소다회)

1. 공통성질

① 부식성 및 유독성이 강한 강산화제
② 산소 많이 포함하여 다른 가연물 연소 돕는다.
③ 비중 1보다 크며 물에 잘 녹는다.
④ 물과 만나면 발열

(2) 제6류 위험물의 저장·취급

1. 저장방법

① 물 가연물, 무기물 및 고체의 산화제와 접촉 피한다.
② 저장용기 내산성 사용
③ 용기 밀전 밀봉하여 누설에 주의

2. 제6류 위험물 종류

① 질산 (HNO_3)

(ㄱ) 융점 −42℃, 비점 86℃, 비중 1.49
(ㄴ) 직사일광에서 분해하여 이산화질소(NO_2)를 발생하므로 갈색병에 넣어 냉암소에 보관
(ㄷ) Fe(철), Co(코발트), Ni(니켈), Al(알루미늄), Cr(크롬) 등은 묽은 질산에는

녹으나 진한 질산에는 부식되지 않는 얇은 피막이 금속표면에 생겨 부동태가 되므로 녹지 않는다.

(ㄹ) 단백질과는 크산포 프로테인반응을 일으켜 노란색으로 반응

(ㅁ) 공기 중 (직사일광) 분해반응식

$4HNO_3 \rightarrow 2H_2O + 4NO_2 + O_2$

(질산) → (물) + (이산화질소) + (산소)

② **발열질산** ($HNO_3 + nNO_2$)

(ㄱ) 진한 질산에 이산화질소 과잉으로 녹인 무색, 적갈색의 발연성 액체로 갈색 증기를 낸다.

(ㄴ) 비중 1.52～1.54

(ㄷ) 인체유독, 진한 질산보다 산화력 세다.

③ **과산화수소** (H_2O_2)

(ㄱ) 융점 0.89℃, 비점 80.2℃, 비중 1.465

(ㄴ) 시판품의 농도 : 30～40% 수용액

(ㄷ) 물, 에테르, 알코올에 용해

(ㄹ) 안정제 : 인산(H_3PO_4), 요산($C_5H_4N_4O_3$)

(ㅁ) 용기는 밀전 하지 말고 구멍 뚫린 마개 사용

④ **과염소산** ($HClO_4$)

(ㄱ) 융점 －112℃, 비점 39℃, 비중 1.76

(ㄴ) 가열하면 폭발

(ㄷ) 산화력이 강하다.

(ㄹ) 용기는 내산성 용기 사용

CHAPTER 2

위험물 안전

I 위험물의 저장 · 취급 · 운반 · 운송방법

》 위험물의 제조소 등

■ **위험물**

- 인화성 또는 발화성 등의 성질을 가지는 것

■ **제조소 등**

- 제조소
  위험물을 제조할 목적으로 지정수량 이상의 위험물을 취급하기 위하여 규정에 따른 허가를 받은 장소
- 저장소
  지정수량 이상의 위험물을 저장하기 위한 대통령령이 정하는 장소로서 제6조제1항의 규정에 따른 허가를 받은 장소
- 취급소
  지정수량 이상의 위험물을 제조외의 목적으로 취급하기 위한 대통령령이 정하는 장소로서 제6조제1항의 규정에 따른 허가를 받은 장소

■ **위험물의 취급**

- 지정수량 이상의 위험물 : 제조소등에서 취급, 위험물안전관리법 적용(지정수량 이상이면 위험물 안전 관리법에 적용을 받아 제조소등을 설치하고 안전관리자를 선임하여야 한다.)
- 지정수량 미만의 위험물 : 시·도의 조례

■ **위험물안전관리자**

- 위험물안전관리자 선임권자 : 제조소등의 관계인
- 위험물안전관리자 선임신고 : 소방본부장 또는 소방서장에게 신고
- 해임 또는 퇴직 시 : 30일 이내에 재선임

- 안전관리자 선임 신고 : 14일 이내
- 안전관리자 여행, 질병 기타사유로 직무 수행이 불가능 시 : 대리자 지정

≫ 정기점검 대상인 제조소등

- **예방규정을 정하여야 하는 제조소등**
  - 지정수량의 배 이상의 위험물을 취급하는 제조소, 일반취급소
  - 지정수량의 배 이상의 위험물을 저장하는 옥외저장소
  - 지정수량의 배 이상의 위험물을 저장하는 옥내저장소
  - 지정수량의 배 이상의 위험물을 저장하는 옥외탱크저장소
  - 암반탱크저장소, 이송취급소
- **지하탱크저장소**
- **이동탱크저장소**
- **위험물을 취급하는 탱크로서 지하에 매설된 탱크가 있는 제조소, 주유취급소, 일반취급소**

- **정기검사 대상인 제조소등**
  - 액체위험물을 저장 또는 취급하는 50만 L 이상의 옥외탱크저장소

(1) 위험물의 저장기준

1. 저장소의 저장기준

옥내저장소 또는 옥외저장소에서 1 m 이상 간격을 두고 아래 유별을 저장할 수 있다.

① 제1류 위험물(알칼리금속의 과산화물은 제외)과 제5류 위험물을 저장하는 경우
② 제1류 위험물과 제6류 위험물을 저장하는 경우
③ 제1류 위험물과 자연발화성 물품(황린 포함)을 저장하는 경우
④ 제2류 위험물 중 인화성 고체와 제4류 위험물을 저장하는 경우
⑤ 제3류 위험물 중 알킬알루미늄 등과 제4류 위험물(알킬알루미늄 또는 알킬리튬을 함유한 것에 한함)을 저장하는 경우
⑥ 제4류 위험물 중 유기과산화물과 제5류 위험물 중 유기과산화물을 저장하는 경우

2. 자연발화 할 우려가 있는 위험물의 저장기준

옥내저장소에서 동일 품명의 위험물이더라도 자연발화 할 우려가 있는 위험물 또는 재해가 현저하게 증대할 우려가 있는 위험물을 다량 저장하는 경우에는 지정수량의 10배 이하마다 구분하여 상호간 0.3 m 이상의 간격을 두어 저장하여야 한다.

3. 옥내저장소에 저장 시 높이

아래 기준의 높이를 초과하지 않아야 한다.

① 기계에 의하여 하역하는 구조로 된 용기만을 겹쳐 쌓는 경우 : 6 m

② 제4류 위험물 중 제3석유류, 제4석유류, 동·식물유류를 수납하는 용기만을 겹쳐 쌓는 경우 : 4 m

③ 그 밖의 경우(특수인화물, 제1석유류, 제2석유류, 알코올류, 타류) : 3 m

4. 기타 저장기준

① 옥내저장소에서 용기에 수납하여 저장하는 위험물의 온도 : 55℃ 이하

② 이동저장탱크에는 당해 탱크에 저장 또는 취급하는 위험물의 유별, 품명, 최대수량, 적재중량을 표시하고 잘 보일 수 있도록 관리할 것

③ 이동탱크저장소에는 완공검사필증과 정기점검기록을 비치할 것

④ 알킬알루미늄 저장 또는 취급하는 이동탱크저장소의 비치사항 (긴급 시 연락처, 응급조치사항을 기재한 서류, 방호복, 고무장갑, 밸브등을 죄는 결합공구, 휴대용 확성기)

⑤ 옥외저장소에서 위험물을 수납한 용기를 선반에 저장하는 경우 : 6 m를 초과하지 말 것

⑥ 이동저장탱크에 알킬알루미늄 등을 저장하는 경우에는 20 kPa 이하의 압력으로 불활성의 기체를 봉입하여 둘 것

⑦ 옥외저장탱크, 옥내저장탱크 또는 지하저장탱크 중 압력탱크 외의 탱크에 저장

㈀ 산화프로필렌, 디에틸에테르를 저장 : 30℃ 이하

㈁ 아세트알데히드 : 15℃ 이하

⑧ 옥외저장탱크, 옥내저장탱크 또는 지하저장탱크 중 압력탱크에 저장

㈀ 아세트알데히드 등 또는 디에틸에테르 등 : 40℃ 이하

ⓛ 아세트알데히드 등 또는 디에틸에테르 등을 이동저장탱크에 저장하는 경우
- 보냉장치가 있는 경우 : 비점 이하
- 보냉장치가 없는 경우 : 40℃ 이하

⑨ 이동저장탱크로부터 위험물을 저장 또는 취급하는 탱크에 인화점이 40℃ 미만인 위험물을 주입할 때에는 이동탱크저장소의 원동기를 정지시킬 것

(2) 위험물의 취급기준

1. 이동탱크저장소의 취급기준

① 이동저장탱크로부터 위험물을 저장 또는 취급하는 탱크에 인화점이 40℃ 미만인 위험물을 주입 시 이동탱크저장소의 원동기를 정지할 것

② 휘발유를 저장하던 이동저장탱크에 등유나 경유를 주입할 때 또는 등유나 경유를 저장하던 이동저장탱크에 휘발유를 주입할 때 정전기등의 방지 조치사항

㉠ 이동저장탱크의 상부로부터 위험물을 주입할 때에는 위험물의 액 표면이 주입관의 선단을 넘는 높이가 될 때까지 주입관 내의 유속은 1 m/s 이하로 할 것

ⓛ 이동저장탱크의 밑부분으로부터 위험물을 주입할 때에는 위험물의 액 표면이 주입관의 정상부분을 넘는 높이가 될 때까지 주입관 내의 유속은 1 m/s 이하로 할 것

2. 알킬알루미늄 등 및 아세트알데히드 등의 취급기준

① 알킬알루미늄 등의 이동탱크저장소에 있어, 이동저장탱크로부터 알킬알루미늄 등을 꺼낼 때에는 동시에 200 kPa 이하의 압력으로 불활성의 기체를 봉입할 것

② 아세트알데히드 등의 이동탱크저장소에 있어, 이동저장탱크로부터 아세트알데히드 등을 꺼낼 때에는 동시에 100 kPa 이하의 압력으로 불활성의 기체를 봉입할 것

(3) 위험물의 운반기준

1. 운반용기의 재질

① 강판	② 알루미늄판	③ 양철판	④ 유리
⑤ 금속판	⑥ 종이	⑦ 플라스틱	⑧ 섬유판
⑨ 고무류	⑩ 합성섬유	⑪ 삼	⑫ 나무, 짚

2. 적재방법

① 고체위험물 : 운반용기 내용적의 95% 이하의 수납률로 수납할 것
② 액체위험물 : 운반용기 내용적의 98% 이하의 수납률로 수납할 것
③ 자연발화성 물질 중 알킬알루미늄 등은 운반용기 내용적의 90% 이하의 수납률로 수납하되 50℃의 온도에서 5% 이상의 공간용적을 유지하도록 할 것

3. 적재위험물에 따른 조치

① 차광성이 있는 것으로 피복하여야 하는 위험물
(ㄱ) 제1류 위험물
(ㄴ) 제3류 위험물 중 자연발화성 물질
(ㄷ) 제4류 위험물 중 특수위험물
(ㄹ) 제5류 위험물
(ㅁ) 제6류 위험물

② 방수성이 있는 것으로 피복하여야 하는 위험물
(ㄱ) 제1류 위험물 중 알칼리금속의 과산화물
(ㄴ) 제2류 위험물 중 철분, 금속분, 마그네슘
(ㄷ) 제3류 위험물 중 금수성 물질

4. 운반용기의 외부표시 사항

① 위험물의 품명, 위험등급, 화학명 및 수용성(제4류 위험물의 수용성인 것에 한함)

② 위험물의 수량
③ 수납위험물에 따른 주의사항

5. 운반방법(지정수량 이상 운반 시)

① 한 변의 길이가 0.3 m 이상, 다른 한 변의 길이가 0.6 m 이상인 직사각형의 판으로 할 것
② 흑색바탕에 황색의 반사도료 그 밖의 반사성이 있는 재료로 '위험물'이라고 표시할 것
③ 표지는 차량의 전면 및 후면의 보기 쉬운 곳에 내걸 것

6. 위험물의 위험등급

① 위험등급 I의 위험물

㈀ 제1류 위험물 중 아염소산염류, 염소산염류, 과염소산염류, 무기과산화물, 지정수량이 50 kg인 위험물
㈁ 제3류 위험물 중 칼륨, 나트륨, 알킬알루미늄, 알킬리튬, 황린, 지정수량이 10 kg인 위험물
㈂ 제4류 위험물 중 특수인화물
㈃ 제5류 위험물 중 유기과산화물, 질산에스테르류, 지정수량이 10 kg인 위험물
㈄ 제6류 위험물

② 위험등급 II의 위험물

㈀ 제1류 위험물 중 브롬산염류, 질산염류, 요오드산염류, 지정수량이 300 kg인 위험물
㈁ 제2류 위험물 중 황화린, 적린, 유황, 지정수량이 100 kg인 위험물
㈂ 제3류 위험물 중 알칼리금속(칼륨, 나트륨 제외) 및 알칼리토금속, 유기금속화합물(알킬알루미늄 및 알킬리튬은 제외), 지정수량이 50 kg인 위험물
㈃ 제4류 위험물 중 제1석유류, 알코올류
㈄ 제5류 위험물 중 위험등급 I에 정하는 위험물 외의 것

③ 위험등급 III의 위험물

① 및 ②에 속하지 않는 위험물

(4) 위험물의 운송기준

위험물안전관리법 제21조 (위험물의 운송)

1. 이동탱크저장소에 의하여 위험물을 운송하는 자(운송책임자 및 이동탱크저장소운전자를 말하며, 이하 "위험물운송자"라 한다)는 당해 위험물을 취급할 수 있는 국가기술자격자 또는 제28조제1항의 규정에 따른 안전교육을 받은 자이어야 한다.
2. 대통령령이 정하는 위험물의 운송에 있어서는 운송책임자(위험물 운송의 감독 또는 지원을 하는 자를 말한다. 이하 같다)의 감독 또는 지원을 받아 이를 운송하여야 한다. 운송책임자의 범위, 감독 또는 지원의 방법 등에 관한 구체적인 기준은 행정안전부령으로 정한다.
3. 위험물운송자는 이동탱크저장소에 의하여 위험물을 운송하는 때에는 행정안전부령으로 정하는 기준을 준수하는 등 당해 위험물의 안전확보를 위하여 세심한 주의를 기울여야 한다.

CHAPTER 3

기술기준

I 제조소등의 위치구조 설비기준

(1) 제조소의 위치구조 설비기준

1. 건축물의 구조

① 지하층이 없도록 할 것

② 벽, 기둥, 바닥, 보, 서까래 및 계단 : 불연재료(연소 우려가 있는 외벽은 개구부가 없는 내화구조의 벽으로 할 것)

③ 지붕은 폭발력이 위로 방출될 정도의 가벼운 불연재료로 덮어야 한다.

④ 출입구와 비상구에는 갑종방화문 또는 을종방화문을 설치하여야 한다.

⑤ 출입구와 비상구에는 갑종방화문 또는 을종방화문을 설치하되, 연소의 우려가 있는 외벽에 설치하는 출입구에는 수시로 열 수 있는 자동폐쇄식의 갑종방화문을 설치하여야 한다.

⑥ 액체의 위험물을 취급하는 건축물의 바닥 : 적당한 경사를 두고 그 최저부에 집유설비를 할 것

2. 채광, 조명 및 환기설비

① **채광설비**

불연재료로 하고 연소의 우려가 없는 장소에 설치하되, 채광면적을 최소로 할 것

② **조명설비**

(ㄱ) 가연성 가스 등이 체류할 우려가 있는 장소의 조명등은 방폭등으로 할 것

(ㄴ) 점선은 내화, 내열전선으로 할 것

(ㄷ) 점멸 스위치는 출입구 바깥부분에 설치할 것. 다만, 스위치의 스파크로 인한 화재, 폭발의 우려가 없는 경우는 아님

③ **환기설비**

(ㄱ) 환기 : 자연배기방식

(ㄴ) 급기구는 당해 급기구가 설치된 실의 바닥면적 150 m^2마다 1개 이상으로 하되, 급기구의 크기는 800 cm^2 이상으로 할 것. 다만, 150 m^2 미만인 경우에는 바닥면적에 따라 다르다.

(ㄷ) 급기구는 낮은 곳에 설치하고 가는 눈의 구리망으로 인화방지망을 설치할 것

(ㄹ) 환기구는 지붕 위 또는 지상 2 m 이상의 높이에 회전식 고정벤틸레이터 또는 루프팬 방식으로 설치할 것

3. 배출설비

① 설치장소 : 가연성 증기 또는 미분이 체류할 우려가 있는 건축물

② 배출설비 : 국소방식

③ 배출설비는 배풍기, 배출덕트, 후드 등을 이용해 강제배출 할 것

④ 배출능력은 1시간당 배출장소 용적의 20배 이상으로 할 것

⑤ 급기구는 높은 곳에 설치하고 가는 눈의 구리망으로 인화방지망을 설치할 것

⑥ 배출구는 지상 2 m 이상으로서 연소 우려가 없는 장소에 설치하고 화재 시 자동으로 폐쇄되는 방화댐퍼를 설치할 것

⑦ 배풍기 : 강제배기방식

4. 옥외시설의 바닥(옥외에서 액체위험물을 취급하는 경우)

① 바닥의 둘레에 높이 0.15 m 이상의 턱을 설치할 것

② 바닥은 콘크리트 등 위험물이 스며들지 아니하는 재료로 하고, 턱이 있는 쪽이 낮게 경사지게 할 것

③ 바닥의 최저부에 집유설비를 할 것
④ 위험물을 취급하는 설비에는 집유설비에 유분리장치를 설치할 것

5. 안전장치

① 자동적으로 압력의 상승을 정지시키는 장치
② 감압측에 안전밸브를 부착한 감압밸브
③ 안전밸브를 병용하는 경보장치
④ 파괴판

6. 정전기 제거설비

① 접지에 의한 방법
② 공기 중의 상대습도를 70% 이상으로 하는 방법
③ 공기를 이온화 하는 방법

7. 피뢰설비

지정수량의 10배 이상의 위험물을 제조소(제6류 위험물 제외)에는 설치할 것

8. 위험물 취급탱크(지정수량 1/5 미만은 제외)

① 위험물 제조소 옥외에 있는 위험물 취급탱크

(ㄱ) 하나의 취급 탱크 주위에 설치하는 방유제의 용량 : 당해 탱크용량의 50% 이상
(ㄴ) 2 이상의 취급 탱크 주위에 하나의 방유제를 설치하는 경우, 방유제의 용량 : 당해 탱크 중 용량이 최대인 것의 50%에 나머지 탱크용량의 합계를 10%를 가산한 양 이상이 되게 할 것

② 위험물 제조소 옥내에 있는 위험물 취급탱크

(ㄱ) 하나의 취급탱크의 주위에 설치하는 방유턱의 용량 : 당해 탱크용량 이상
(ㄴ) 2 이상의 취급탱크 주위에 설치하는 방유턱의 용량 : 최대 탱크용량 이상

(2) 옥내저장소의 위치구조 설비기준

1. 옥내저장소의 안전거리 및 옥내저장소의 표지 및 게시판은 제조소와 동일

2. 옥내저장소의 안전거리 제외 대상

① 제4석유류, 동식물유류의 위험물을 저장, 취급하는 옥내저장소
② 제6류 위험물을 저장, 취급하는 옥내저장소
③ 지정수량의 20배 이하의 위험물을 저장, 취급하는 옥내저장소로서 다음의 기준에 적합한 것
㈀ 저장창고의 벽, 기둥, 바닥, 보, 지붕이 내화구조일 것
㈁ 저장창고 출입구에 수시로 열 수 있는 자동폐쇄방식의 갑종방화문이 설치되어 있을 것
㈂ 저장창고에 창을 설치하지 않을 것

▌옥내저장소의 보유공지

저장, 취급하는 위험물의 최대수량	공지의 너비	
	벽, 기둥, 바닥이 내화구조로 된 건축물	그 밖의 건축물
지정수량의 5배 이하	-	0.5 m 이상
지정수량의 5배 초과 10배 이하	1 m 이상	1.5 m 이상
지정수량의 10배 초과 200배 이하	2 m 이상	3 m 이상
지정수량의 20배 초과 50배 이하	3 m 이상	5 m 이상
지정수량의 500배 초과 200배 이하	5 m 이상	10 m 이상
지정수량의 200배 초과	10 m 이상	15 m 이상

3. 옥내저장소의 저장창고

저장창고는 지면에서 처마까지의 높이가 6 m 미만인 단층건물로 하고, 그 바닥을 지반면보다 높게 하여야 한다. 다만, 제2류 또는 제4류의 위험물만을 저장하는 창고로서 다음의 기준에 적합한 창고의 경우엔 20 m 이하로 할 수 있다.

① 벽, 기둥, 보 및 바닥을 내화구조로 할 것
② 출입구에 갑종방화문을 설치할 것
③ 피뢰침을 설치할 것. 다만, 주위 상황에 의하여 안정상 지장이 없는 경우는 제외

4. 저장창고의 기준면적

위험물을 저장하는 창고의 종류	기준면적
1. 제1류 위험물 중 아염소산염류, 염소산염류, 과염소산염류, 무기과산화물, 그 밖에 지정수량이 50 kg인 위험물	1,000 m^2 이하
2. 제3류 위험물 중 칼륨, 나트륨, 알킬알루미늄, 알킬리튬, 그 밖에 지정수량이 10 kg인 위험물 및 황린	
3. 제4류 위험물 중 특수 인화물, 제1석유류 및 알코올류	
4. 제5류 위험물 중 유기과산화물, 질산에스테르류, 그 밖에 지정수량이 10 kg 인 위험물	
5. 제6류 위험물	
1～5번의 위험물을 제외한, 위험물을 저장한 창고	2,000 m^2 이하

① 저장창고의 벽, 기둥, 바닥은 내화구조로 하고, 보와 서까래는 불연재료로 하여야 한다.

② 저장창고 지붕은 폭발력이 위로 방출될 정도의 가벼운 불연재료로 하고, 천장을 만들지 말아야 한다.

③ 저장창고의 출입구에는 갑종방화문 또는 을종방화문을 설치하되, 연소의 우려가 있는 외벽에 있는 출입구에는 수시로 열 수 있는 자동폐쇄식의 갑종방화문을 설치하여야 한다.

④ 저장창고 바닥에 물에 스며 나오거나 스며들지 않는 구조로 하여야 하는 위험물

㈀ 제1류 위험물 중 알칼리금속의 과산화물

㈁ 제2류 위험물 중 철분, 금속분, 마그네슘

㈂ 제3류 위험물 중 금수성 물질

㈃ 제4류 위험물

⑤ 액상의 위험물의 저장창고 바닥은 위험물이 스며들지 않는 구조로 하고, 적당하게 경사지게 하여 그 최저부에 집유설비를 하여야 한다.

⑥ 피뢰침 설치 : 지정수량 10배 이상의 저장창고(제6류 제외)

5. 소규모 옥내저장소의 특례(지정수량의 50배 이하, 처마높이가 5 m 미만인 것)

보유공지

저장, 취급하는 위험물의 최대수량	공지의 너비
지정수량의 5배 이하	-
지정수량의 5배 초과 20배 이하	1 m 이상
지정수량의 20배 초과 50배 이하	2 m 이상

① 저장창고 바닥면적 : 150 m^2 이하
② 벽, 기둥, 바닥, 보, 지붕 : 내화구조
③ 출입구 : 수시로 개방할 수 있는 자동폐쇄방식의 갑종방화문을 설치

6. 고인화점(100℃ 이상) 위험물의 단층건물 옥내저장소의 특례

지정수량의 20배를 초과하는 옥내저장소의 안전거리 : 제조소와 동일

보유공지

저장, 취급하는 위험물의 최대수량	공지의 너비	
	건축물의 벽, 기둥, 바닥이 내화구조	그 외
지정수량의 20배 이하	-	0.5 m 이상
지정수량의 20배 초과 50배 이하	1 m 이상	1.5 m 이상
지정수량의 50배 초과 200배 이하	2 m 이상	3 m 이상
지정수량의 200배 초과	3 m 이상	5 m 이상

7. 지정과산화물(제5류 위험물 중 유기과산화물)을 저장 또는 취급하는 옥내저장소

① 담, 토제는 저장창고의 외벽으로부터 2 m 이상 떨어진 장소에 설치
② 담은 두께 15 cm 이상의 철근콘크리트조나 철골 철근콘크리트조 또는 두께 20 cm 이상의 보강콘크리트블록조로 할 것
③ 토제 경사면의 경사도는 60도 미만으로 할 것

④ 저장창고는 150 m^2 이내마다 격벽으로 완전하게 구획할 것. 이 경우 당해 격벽은 두께 30 cm 이상의 철근콘크리트조 또는 철골철근콘크리트조로 하거나 두께 40 cm 이상의 보강콘크리트블록조로 하고, 당해 저장창고의 양측의 외벽으로부터 1 m 이상, 상부의 지붕으로부터 50 cm 이상 돌출하게 할 것

⑤ 저장창고의 외벽은 두께 20 cm 이상의 철근콘크리트조나 철골철근콘크리트조 또는 두께 30 cm 이상의 보강콘크리트조로 할 것

(3) 옥외탱크저장소의 위치구조 설비기준

1. 옥외탱크저장소의 안전거리 및 옥외탱크저장소의 표지 및 게시판은 제조소와 동일

2. 옥외탱크지장소의 보유공지

저장, 취급하는 위험물의 최대수량	공지의 너비
지정수량의 500배 이하	3 m 이상
지정수량의 500배 초과 1,000배 이하	5 m 이상
지정수량의 1,000배 초과 2,000배 이하	9 m 이상
지정수량의 2,000배 초과 3,000배 이하	12 m 이상
지정수량의 3,000배 초과 4,000배 이하	15 m 이상
지정수량의 4,000배 초과	탱크 단면의 최대지름과 높이 중 큰 것 이상

3. 특정옥외탱크저장소 등

① 특정 옥외저장탱크 : 액체위험물의 최대수량이 100만 L 이상의 옥외저장탱크

② 준특정 옥외저장탱크 : 액체위험물의 최대수량이 50만 L 이상, 100만 L 미만의 옥외저장탱크

(4) 옥내탱크저장소의 위치구조 설비기준

1. 옥내탱크저장소의 구조

① 옥내저장탱크의 탱크전용실은 단층 건축물에 설치할 것

② 옥내저장탱크와 탱크전용실의 벽 사이 및 옥내저장탱크의 상호간에는 0.5 m 이상의 간격을 유지할 것.

③ 옥내저장탱크의 용량은 지정수량의 40배 이하일 것

2. 옥내탱크저장소의 표지 및 게시판은 제조소와 동일함

3. 옥내탱크저장소의 탱크전용실

① 옥내저장탱크는 탱크전용실에 설치할 것

② 탱크전용실을 건축물의 1층 또는 지하층에 설치하는 위험물 : 황화린, 적린, 덩어리 유황, 황린, 질산

③ 탱크전용실의 벽, 기둥, 바닥 : 내화구조

④ 보, 지붕 : 불연재료

⑤ 액상의 위험물의 옥내저장탱크를 설치하는 탱크전용실의 바닥은 위험물이 침투하지 않는 구조로 하고, 적당한 경사를 두는 한편, 집유설비를 설치할 것

⑥ 탱크전용실에 펌프 설비를 설치하는 경우에는 불연재료로 된 턱을 0.2 m 이상의 높이로 설치할 것

⑦ 옥내저장탱크의 용량은 1층 이하의 층은 지정수량의 40배 이하. 2층 이상의 층은 지정수량의 10배 이하일 것

옥외탱크저장소	옥내탱크저장소
1. 재질 : 두께 3.2 mm 이상 강철판	1. 재질 : 두께 3.2 mm 이상
2. 탱크통기장치 : 무변 통기관	2. 밸브 없는 통기관 : 무변 통기관
3. 통기관의 선단은 수평으로부터 45도 이상 구부려 빗물이 들어가지 않는 구조	3. 통기관 수평 45도 구부려 빗물 들어가지 않는 구조
4. 가는 눈의 동망으로 인화방지장치 설치	4. 가는 눈의 동망, 인화방지 설치
5. 가연성 증기 회수밸브 : 평소 개방 위험물 주입 시 폐쇄 : 10 kPa 이하 압력 개방	5. 통기관 선단 ⇒ 지면까지 거리 : 4 m
6. 대기밸브 부착 통기관 : 5 kPa 이하 압력에서 작동	6. 통기관 선단 ⇒ 건축물 창, 출입구 거리 : 1 m 이상
7. 인화점 21℃ 미만 위험물 : 표지판, 게시판, 정전기 제거설비	7. 인화점 40℃ 미만 탱크통기관 ⇒ 부지경계선과 이격거리 : 1.5 m 이상
8. 옥내 설치하는 펌프실 구조 - 바닥 재질 : 콘크리트, 불 침윤재료 - 턱 높이 : 0.2 m 이상 - 적당하게 경사지고 집유설비 설치 - 출입구 : 갑종 및 을종 방화문	8. 탱크와 전용실 외벽 : 0.5 m 이상 - 탱크와 탱크 상호간 거리 : 0.5 m 이상
9. 펌프실 외에 설치하는 펌프구조 - 턱 높이 : 0.15 m 이상 - 제4류 취급 시 : 집유설비, 유 분리장치 설치	9. 탱크전용실의 탱크용량 - 지정수량 : 40배 이하 - 제4류 석유류, 동·식물유 외의 탱크 설치 : 2만 L 이하
10. 방유제 재질 : 철근, 철골철근 콘크리트 - 높이 : 0.5~3 m 이상 - 면적 : 8만 m^2 이하 - 계단 : 높이 1 m 이상, 방유제 : 50 m 간격으로 방유제 안팎에 설치 - 설치기준 • 탱크 1기 : 탱크용량 110% 이상 • 탱크 2기 : 설치탱크 중 용량 최대인 것의 용량 110% 이상	10. 건축물 1층, 지하층에서 저장할 수 있는 위험물 - 제2류 : 황 화린, 적린 및 덩어리 - 제3류 : 황린 - 제4류 : 질산 - 제4류 중 인화점 40℃ 이상인 것

(5) 지하탱크저장소의 위치구조 설비기준 :

지하탱크저장소의 기준(Ⅱ 및 Ⅲ에 정하는 것을 제외)

1. 위험물을 저장 또는 취급하는 지하탱크(이하 Ⅰ, 별표 13 Ⅲ 및 별표 18 Ⅲ에서 "지하저장탱크"라 한다)는 지면 하에 설치된 탱크전용실에 설치하여야 한다. 다만, 제4류 위험물의 지하저장탱크가 다음 가목 내지 마목의 기준에 적합한 때에는 그러하지 아니하다.

가. 당해 탱크를 지하철·지하가 또는 지하터널로부터 수평거리 10 m 이내의 장소 또는 지하건축물내의 장소에 설치하지 아니할 것
나. 당해 탱크를 그 수평투영의 세로 및 가로보다 각각 0.6 m 이상 크고 두께가 0.3 m 이상인 철근콘크리트조의 뚜껑으로 덮을 것
다. 뚜껑에 걸리는 중량이 직접 당해 탱크에 걸리지 아니하는 구조일 것
라. 당해 탱크를 견고한 기초 위에 고정할 것
마. 당해 탱크를 지하의 가장 가까운 벽·피트·가스관 등의 시설물 및 대지경계선으로부터 0.6 m 이상 떨어진 곳에 매설할 것

2. 탱크전용실은 지하의 가장 가까운 벽·피트·가스관 등의 시설물 및 대지경계선으로부터 0.1 m 이상 떨어진 곳에 설치하고, 지하저장탱크와 탱크전용실의 안쪽과의 사이는 0.1 m 이상의 간격을 유지하도록 하며, 당해 탱크의 주위에 마른 모래 또는 습기 등에 의하여 응고되지 아니하는 입자지름 5 mm 이하의 마른 자갈분을 채워야 한다.
3. 지하저장탱크의 윗부분은 지면으로부터 0.6 m 이상 아래에 있어야 한다.
4. 지하저장탱크를 2 이상 인접해 설치하는 경우에는 그 상호간에 1 m(당해 2 이상의 지하저장탱크의 용량의 합계가 지정수량의 100배 이하인 때에는 0.5 m) 이상의 간격을 유지하여야 한다. 다만, 그 사이에 탱크전용실의 벽이나 두께 20 cm 이상의 콘크리트 구조물이 있는 경우에는 그러하지 아니하다.
5. 지하탱크저장소에는 별표 4 Ⅲ제1호의 기준에 따라 보기 쉬운 곳에 "위험물 지하탱크저장소"라는 표시를 한 표지와 동표 Ⅲ제2호의 기준에 따라 방화에 관하여 필요한 사항을 게시한 게시판을 설치하여야 한다.
6. 지하저장탱크는 용량에 따라 다음 표에 정하는 기준에 적합하게 강철판 또는 동등 이상의 성능이 있는 금속재질로 완전용입용접 또는 양면겹침이음용접으로 틈이 없도록 만드는 동시에, 압력탱크(최대상용압력이 46.7 kPa 이상인 탱크를 말한다) 외의 탱크에 있어서는 70 kPa의 압력으로, 압력탱크에 있어서는 최대상용압력의 1.5배의 압력으로 각각 10분간 수압시험을 실시하여 새거나 변형되지 아니하여야 한다. 이 경우 수압시험은 소방청장이 정하여 고시하는 기밀시험과 비파괴시험을 동시에 실시하는 방법으로 대신할 수 있다.

탱크용량 (L)	탱크의 최대직경 (mm)	강철판의 최소두께 (mm)
1,000 이하	1,067	3.20
1,000 초과 2,000 이하	1,219	3.20
2,000 초과 4,000 이하	1,625	3.20
4,000 초과 15,000 이하	2,450	4.24
15,000 초과 45,000 이하	3,200	6.10
45,000 초과 75,000 이하	3,657	7.67
75,000 초과 189,000 이하	3,657	9.27
189,000 초과	-	10.00

7. 지하저장탱크의 외면은 다음 각목에 정하는 바에 따라 보호하여야 한다. 다만, 지하저장탱크의 재질이 부식의 우려가 없는 스테인리스 강판 등인 경우에는 방청도장을 하지 않을 수 있다.
   가. 탱크전용실에 설치하는 지하저장탱크의 외면은 다음의 어느 하나에 해당하는 방법으로 보호할 것
      1) 탱크의 외면에 방청도장을 할 것
      2) 탱크의 외면에 방청제 및 아스팔트프라이머의 순으로 도장을 한 후 아스팔트 루핑 및 철망의 순으로 탱크를 피복하고, 그 표면에 두께가 2 cm 이상에 이를 때까지 모르타르를 도장할 것. 이 경우에 있어서 다음에 정하는 기준에 적합하여야 한다.
         가) 아스팔트루핑은 아스팔트루핑(KS F 4902)(35 kg)의 규격에 의한 것 이상의 성능이 있을 것
         나) 철망은 와이어리스(KS F 4551)의 규격에 의한 것 이상의 성능이 있을 것
         다) 모르타르에는 방수제를 혼합할 것. 다만, 모르타르를 도장한 표면에 방수제를 도장하는 경우에는 그러하지 아니하다.
      3) 탱크의 외면에 방청도장을 실시하고, 그 표면에 아스팔트 및 아스팔트루핑에 의한 피복을 두께 1 cm에 이를 때까지 교대로 실시할 것. 이 경우 아스팔트루핑은 2)가)의 기준에 적합하여야 한다.
      4) 탱크의 외면에 프라이머를 도장하고, 그 표면에 복장재를 휘감은 후 에폭시수지 또는 타르에폭시수지에 의한 피복을 탱크의 외면으로부터 두께 2 mm 이상에 이를 때까지 실시할 것. 이 경우에 있어서 복장재는 수도용 강관아스팔트도복장방법(KS D 8306)으로 정하는 비닐론클로스 또는 헤

시안클래스에 적합하여야 한다.

5) 탱크의 외면에 프라이머를 도장하고, 그 표면에 유리섬유 등을 강화재로 한 강화플라스틱에 의한 피복을 두께 3 mm 이상에 이를 때까지 실시할 것

나. 탱크전용실 외의 장소에 설치하는 지하저장탱크의 외면은 가목2) 내지 4)의 1에 해당하는 방법으로 보호할 것

8. 지하저장탱크 중 압력탱크(최대상용압력이 부압 또는 정압 5 kPa을 초과하는 탱크를 말한다)외의 제4류 위험물의 탱크에 있어서는 밸브 없는 통기관 또는 대기밸브 부착 통기관을 다음 각 목의 구분에 따른 기준에 적합하게 설치하고, 압력탱크에 있어서는 별표 4 Ⅷ제4호에 따른 제조소의 안전장치의 기준을 준용하여야 한다.

가. 밸브 없는 통기관

1) 통기관은 지하저장탱크의 윗부분에 연결할 것

2) 통기관 중 지하의 부분은 그 상부의 지면에 걸리는 중량이 직접 해당 부분에 미치지 아니하도록 보호하고, 해당 통기관의 접합부분(용접, 그 밖의 위험물 누설의 우려가 없다고 인정되는 방법에 의하여 접합된 것은 제외한다)에 대하여는 해당 접합부분의 손상유무를 점검할 수 있는 조치를 할 것

3) 별표 7 Ⅰ제1호사목1)의 기준에 적합할 것

나. 대기밸브 부착 통기관

1) 가목1) 및 2)의 기준에 적합할 것

2) 별표 6 Ⅵ제7호나목의 기준에 적합할 것. 다만, 제4류제1석유류를 저장하는 탱크는 다음의 압력 차이에서 작동하여야 한다.

가) 정압 : 0.6 kPa 이상 1.5 kPa 이하

나) 부압 : 1.5 kPa 이상 3 kPa 이하

3) 별표 7 Ⅰ제1호사목1)가) 및 나)의 기준에 적합할 것

9. 액체위험물의 지하저장탱크에는 위험물의 양을 자동적으로 표시하는 장치 및 계량구를 설치하고, 계량구 직하에 있는 탱크의 밑판에 그 손상을 방지하기 위한 조치를 하여야 한다.

10. 액체위험물의 지하저장탱크의 주입구는 별표 6 Ⅵ제9호의 규정에 의한 옥외저장탱크의 주입구의 기준을 준용하여 옥외에 설치하여야 한다.

11. 지하저장탱크의 펌프설비는 펌프 및 전동기를 지하저장탱크밖에 설치하는 펌프설

비에 있어서는 별표 6 Ⅵ제10호(가목 및 나목을 제외한다)의 규정에 의한 옥외저장탱크의 펌프설비의 기준에 준하여 설치하고, 펌프 또는 전동기를 지하저장탱크 안에 설치하는 펌프설비(이하 "액중펌프설비"라 한다)에 있어서는 다음 각 목의 기준에 따라 설치하여야 한다.

가. 액중펌프설비의 전동기의 구조는 다음에 정하는 기준에 의할 것
   1) 고정자는 위험물에 침투되지 아니하는 수지가 충전된 금속제의 용기에 수납되어 있을 것
   2) 운전 중에 고정자가 냉각되는 구조로 할 것
   3) 전동기의 내부에 공기가 체류하지 아니하는 구조로 할 것

나. 전동기에 접속되는 전선은 위험물이 침투되지 아니하는 것으로 하고, 직접 위험물에 접하지 아니하도록 보호할 것

다. 액중펌프설비는 체절운전에 의한 전동기의 온도상승을 방지하기 위한 조치가 강구될 것

라. 액중펌프설비는 다음의 경우에 있어서 전동기를 정지하는 조치가 강구될 것
   1) 전동기의 온도가 현저하게 상승한 경우
   2) 펌프의 흡입구가 노출된 경우

마. 액중펌프설비는 다음에 의하여 설치할 것
   1) 액중펌프설비는 지하저장탱크와 플랜지접합으로 할 것
   2) 액중펌프설비 중 지하저장탱크 내에 설치되는 부분은 보호관내에 설치할 것. 다만, 당해 부분이 충분한 강도가 잇는 외장에 의하여 보호되어 있는 경우에 있어서는 그러하지 아니하다.
   3) 액중펌프설비 중 지하저장탱크의 상부에 설치되는 부분은 위험물의 누설을 점검할 수 있는 조치가 강구된 안전상 필요한 강도가 있는 피트 내에 설치할 것

12. 지하저장탱크의 배관은 제13호의 규정에 의한 것 외에 별표 4 Ⅹ의 규정에 의한 제조소의 배관의 기준을 준용하여야 한다.

13. 지하저장탱크의 배관은 당해 탱크의 윗부분에 설치하여야 한다. 다만, 제4류 위험물 중 제2석유류(인화점이 40℃ 이상인 것에 한한다), 제3석유류, 제4석유류 및 동식물유류의 탱크에 있어서 그 직근에 유효한 제어밸브를 설치한 경우에는 그러하지 아니하다.

14. 지하저장탱크에 설치하는 전기설비는 「전기사업법」에 의한 전기설비기술기준에 의하여야 한다.

15. 지하저장탱크의 주위에는 당해 탱크로부터의 액체위험물의 누설을 검사하기 위한 관을 다음의 각 목의 기준에 따라 4개소 이상 적당한 위치에 설치하여야 한다.
   가. 이중관으로 할 것. 다만, 소공이 없는 상부는 단관으로 할 수 있다.
   나. 재료는 금속관 또는 경질합성수지관으로 할 것
   다. 관은 탱크전용실의 바닥 또는 탱크의 기초까지 닿게 할 것
   라. 관의 밑부분으로부터 탱크의 중심 높이까지의 부분에는 소공이 뚫려 있을 것. 다만, 지하수위가 높은 장소에 있어서는 지하수위 높이까지의 부분에 소공이 뚫려 있어야 한다.
   마. 상부는 물이 침투하지 아니하는 구조로 하고, 뚜껑은 검사 시에 쉽게 열 수 있도록 할 것
16. 탱크전용실은 벽·바닥 및 뚜껑을 다음 각 목에 정한 기준에 적합한 철근콘크리트구조 또는 이와 동등 이상의 강도가 있는 구조로 설치하여야 한다.
   가. 벽·바닥 및 뚜껑의 두께는 0.3 m 이상일 것
   나. 벽·바닥 및 뚜껑의 내부에는 직경 9 mm부터 13 mm까지의 철근을 가로 및 세로로 5 cm부터 20 cm까지의 간격으로 배치할 것
   다. 벽·바닥 및 뚜껑의 재료에 수밀콘크리트를 혼입하거나 벽·바닥 및 뚜껑의 중간에 아스팔트층을 만드는 방법으로 적정한 방수조치를 할 것
17. 지하저장탱크에는 다음 각 목의 어느 하나에 해당하는 방법으로 과충전을 방지하는 장치를 설치하여야 한다.
   가. 탱크용량을 초과하는 위험물이 주입될 때 자동으로 그 주입구를 폐쇄하거나 위험물의 공급을 자동으로 차단하는 방법
   나. 탱크용량의 90%가 찰 때 경보음을 울리는 방법
18. 지하탱크저장소에는 다음 각목의 기준에 의하여 맨홀을 설치하여야 한다.
   가. 맨홀은 지면까지 올라오지 아니하도록 하되, 가급적 낮게 할 것
   나. 보호틀을 다음 정하는 기준에 따라 설치할 것
      1) 보호틀을 탱크에 완전히 용접하는 등 보호틀과 탱크를 기밀하게 접합할 것
      2) 보호틀의 뚜껑에 걸리는 하중이 직접 보호틀에 미치지 아니하도록 설치하고, 빗물 등이 침투하지 아니하도록 할 것
   다. 배관이 보호틀을 관통하는 경우에는 당해 부분을 용접하는 등 침수를 방지하는 조치를 할 것

Ⅱ. 이중벽탱크의 지하탱크저장소의 기준

1. 지하탱크저장소[지하탱크저장소의 외면에 누설을 감지할 수 있는 틈(이하 "감지층"이라 한다)이 생기도록 강판 또는 강화플라스틱 등으로 피복한 것을 설치하는 지하탱크저장소에 한한다]의 위치·구조 및 설비의 기술기준은 Ⅰ 제3호 내지 제5호·제6호(수압시험과 관련되는 부분에 한한다)·제8호 내지 제14호·제17호·제18호 및 다음 각 목의 어느 하나의 규정에 의한 기준을 준용하는 외에 Ⅱ에 정하는 바에 의한다.
   가. Ⅰ 제1호 나목 내지 마목(당해 지하저장탱크를 탱크전용실외의 장소에 설치하는 경우에 한한다)
   나. Ⅰ 제2호 및 제16호(당해 지하저장탱크를 지반면하에 설치된 탱크전용실에 설치하는 경우에 한한다)
2. 지하저장탱크는 다음 각 목의 1 이상의 조치를 하여 지반면하에 설치하여야 한다.
   가. 지하저장탱크(제3호 가목의 규정에 의한 재료로 만든 것에 한한다)에 다음에 정하는 바에 따라 강판을 피복하고, 위험물의 누설을 상시 감지하기 위한 설비를 갖출 것
      1) 지하저장탱크에 당해 탱크의 저부로부터 위험물의 최고액면을 넘는 부분까지의 외측에 감지층이 생기도록 두께 3.2 mm 이상의 강판을 피복할 것
      2) 1)의 규정에 따라 피복된 강판과 지하저장탱크 사이의 감지층에는 적당한 액체를 채우고 채워진 액체의 누설을 감지할 수 있는 설비를 갖출 것. 이 경우 감지층에 채워진 액체는 강판의 부식을 방지하는 조치를 강구한 것이어야 한다.
   나. 지하저장탱크에 다음에 정하는 바에 따라 강화플라스틱 또는 고밀도폴리에틸렌을 피복하고, 위험물의 누설을 상시 감지하기 위한 설비를 갖출 것
      1) 지하저장탱크는 다음에 정하는 바에 따라 피복할 것
         가) 제3호 가목에 정하는 재료로 만든 지하저장탱크 : 당해 탱크의 저부로부터 위험물의 최고액면을 넘는 부분까지의 외측에 감지층이 생기도록 두께 3 mm 이상의 유리섬유강화플라스틱 또는 고밀도폴리에틸렌을 피복할 것. 이 경우 유리섬유강화플라스틱 또는 고밀도폴리에틸렌의 휨강도, 인장강도 등은 소방청장이 정하여 고시하는 성능이 있어야 한다.
         나) 제3호 나목에 정하는 재료로 만든 지하저장탱크 : 당해 탱크의 외측에 감지층이 생기도록 유리섬유강화플라스틱을 피복할 것
      2) 1)의 규정에 따라 피복된 강화플라스틱 또는 고밀도폴리에틸렌과 지하저장탱크의 사이의 감지층에는 누설한 위험물을 감지할 수 있는 설비를 갖출 것
3. 지하저장탱크는 다음 각 목의 1의 재료로 기밀하게 만들어야 한다.
   가. 두께 3.2 mm 이상의 강판
   나. 저장 또는 취급하는 위험물의 종류에 대응하여 다음 표에 정하는 수지 및 강화제로 만들어진 강화플라스틱

저장 또는 취급하는 위험물의 종류	수지		강화재
	위험물과 접하는 부분	그 밖의 부분	
휘발유(KS M 2612에 규정한 자동차용 가솔린), 등유, 경유 또는 중유(KS M 2614에 규정한 것 중 1종에 한한다)	KS M 3305(섬유강화프라스틱용액상불포화폴리에스테르수지)(UP-CM, UP-CE 또는 UP-CEE에 관한 규격에 한한다)에 적합한 수지 또는 이와 동등 이상의 내약품성이 있는 비닐에스테르수지	제2호 나목1) 가)에 정하는 수지	제2호 나목1) 나)에 정하는 강화재

4. 제3호 나목에 정하는 재료로 만든 지하저장탱크에 제2호 나목에 정하는 조치를 강구한 것(이하 이 호에서 "강화플라스틱제 이중벽탱크"라 한다)은 다음 각목에 정하는 하중이 작용하는 경우에 있어서 변형이 당해 지하저장탱크의 직경의 3% 이하이고, 휨응력도비(휨응력을 허용휨응력으로 나눈 것을 말한다)의 절대치와 축방향 응력도비(인장응력 또는 압축응력을 허용축방향응력으로 나눈 것을 말한다)의 절대치의 합이 1 이하인 구조이어야 한다. 이 경우 허용응력을 산정하는 때의 안전율은 4 이상의 값으로 한다.
   가. 강화플라스틱제 이중벽탱크의 윗부분이 수면으로부터 0.5 m 아래에 있는 경우에 당해 탱크에 작용하는 압력
   나. 탱크의 종류에 대응하여 다음에 정하는 압력의 내수압
      1) 압력탱크(최대상용압력이 46.7 kPa 이상인 탱크를 말한다) 외의 탱크 : 70 kPa
      2) 압력탱크 : 최대상용압력의 1.5배의 압력
5. 제3호 가목의 규정에 의한 재료로 만든 지하저장탱크 또는 동목의 규정에 의한 재료로 만든 지하저장탱크에 제2호 가목의 규정에 의한 조치를 강구한 것(이하 나목 및 다목에서 "강제이중벽탱크"라 한다)의 외면은 다음 각목에 정하는 바에 따라 보호하여야 한다.
   가. 제3호 가목에 정하는 재료로 만든 지하저장탱크에 제2호 나목에 정하는 조치를 강구한 것의 지하저장탱크의 외면은 제2호 나목1)가)의 규정에 따라 강화플라스틱을 피복한 부분에 있어서는 Ⅰ 제7호 가목1)에 정하는 방법에 따라, 그 밖의 부분에 있어서는 동목5)에 정하는 방법에 따라 보호할 것
   나. 탱크전용실 외의 장소에 설치된 강제이중벽탱크의 외면은 Ⅰ 제7호 가목2) 내지 5)에 정하는 어느 하나 이상의 방법에 따라 보호할 것
   다. 탱크전용실에 설치된 강제이중벽탱크의 외면은 Ⅰ 제7호 가목1) 내지 5)에 정하는 어느 하나의 방법에 따라 보호할 것
6. 제1호 내지 제5호의 규정에 의한 기준 외에 이중벽탱크의 구조(재질 및 강도를 포함한다)·성능시험·표시사항·운반 및 설치 등에 관한 기준은 소방청장이 정하여 고시한다.

Ⅲ. 특수누설방지구조의 지하탱크저장소의 기준

지하탱크저장소[지하저장탱크를 위험물의 누설을 방지할 수 있도록 두께 15 cm(측방 및 하부에 있어서는 30 cm) 이상의 콘크리트로 피복하는 구조로 하여 지면 하에 설치하는 것에 한한다]의 위치·구조 및 설비의 기술기준은 Ⅰ 제1호나목 내지 마목·제3호·제5호·제6호·제8호 내지 제15호·제17호 및 제18호의 규정을 준용하는 외에 지하저장탱크의 외면을 Ⅰ 제7호 가목2) 내지 5)의 어느 하나에 해당하는 방법으로 보호하여야 한다.

Ⅳ. 위험물의 성질에 따른 지하탱크저장소의 특례

1. 아세트알데히드등 및 히드록실아민등을 저장 또는 취급하는 지하탱크저장소는 당해 위험물의 성질에 따라 Ⅰ 내지 Ⅲ의 규정에 의한 기준에 의하되, 강화되는 기준은 제2호 및 제3호의 규정에 의하여야 한다.
2. 아세트알데히드등을 저장 또는 취급하는 지하탱크저장소에 대하여 강화되는 기준은 다음 각 목과 같다.
   가. Ⅰ 제1호 단서의 규정에 불구하고 지하저장탱크는 지반면하에 설치된 탱크전용실에 설치할 것
   나. 지하저장탱크의 설비는 별표 6 Ⅺ의 규정에 의한 아세트알데히드등의 옥외저장탱크의 설비의 기준을 준용할 것. 다만, 지하저장탱크가 아세트알데히드등의 온도를 저당한 온도로 유지할 수 있는 구조인 경우에는 냉각장치 또는 보냉장치를 설치하지 아니할 수 있다.
3. 히드록실아민등을 저장 또는 취급하는 지하탱크저장소에 대하여 강화되는 기준은 별표 6 Ⅺ의 규정에 의한 히드록실아민등을 저장 또는 취급하는 옥외탱크저장소의 규정을 준용한다.

(6) 간이탱크저장소의 위치구조 설비기준

1. 위험물을 저장 또는 취급하는 간이탱크(이하 Ⅰ, 별표 13 Ⅲ 및 별표 18 Ⅲ에서 "간이저장탱크"라 한다)는 옥외에 설치하여야 한다. 다만, 다음 각 목의 기준에 적합한 전용실 안에 설치하는 경우에는 그러하지 아니하다.
   가. 전용실의 구조는 별표 7 Ⅰ 제1호 거목 및 너목의 규정에 의한 옥내탱크저장소의 탱크전용실의 구조의 기준에 적합할 것
   나. 전용실의 창 및 출입구는 별표 7 Ⅰ 제1호 더목 및 러목의 규정에 의한 옥내탱크저장소의 창 및 출입구의 기준에 적합할 것

다. 전용실의 바닥은 별표 7 Ⅰ제1호 머목의 규정에 의한 옥내탱크저장소의 탱크 전용실의 바닥의 구조의 기준에 적합할 것

라. 전용실의 채광·조명·환기 및 배출의 설비는 별표 5 Ⅰ제14호의 규정에 의한 옥내저장소의 채광·조명·환기 및 배출의 설비의 기준에 적합할 것

2. 하나의 간이탱크저장소에 설치하는 간이저장탱크는 그 수를 3 이하로 하고, 동일한 품질의 위험물의 간이저장탱크를 2 이상 설치하지 아니하여야 한다.
3. 간이탱크저장소에는 별표 4 Ⅲ제1호의 기준에 따라 보기 쉬운 곳에 "위험물 간이탱크저장소"라는 표시를 한 표지와 동표 Ⅲ제2호의 기준에 따라 방화에 관하여 필요한 사항을 게시한 게시판을 설치하여야 한다.
4. 간이저장탱크는 움직이거나 넘어지지 아니하도록 지면 또는 가설대에 고정시키되, 옥외에 설치하는 경우에는 그 탱크의 주위에 너비 1 m 이상의 공지를 두고, 전용실 안에 설치하는 경우에는 탱크와 전용실의 벽과의 사이에 0.5 m 이상의 간격을 유지하여야 한다.
5. 간이저장탱크의 용량은 600 L 이하이어야 한다.
6. 간이저장탱크는 두께 3.2 mm 이상의 강판으로 흠이 없도록 제작하여야 하며, 70 kPa의 압력으로 10분간의 수압시험을 실시하여 새거나 변형되지 아니하여야 한다.
7. 간이저장탱크의 외면에는 녹을 방지하기 위한 도장을 하여야 한다. 다만, 탱크의 재질이 부식의 우려가 없는 스테인리스 강판 등인 경우에는 그러하지 아니하다.
8. 간이저장탱크에는 다음 각 목의 구분에 따른 기준에 적합한 밸브 없는 통기관 또는 대기밸브부착 통기관을 설치하여야 한다.

가. 밸브 없는 통기관

1) 통기관의 지름은 25 mm 이상으로 할 것

2) 통기관은 옥외에 설치하되, 그 선단의 높이는 지상 1.5 m 이상으로 할 것

3) 통기관의 선단은 수평면에 대하여 아래로 45° 이상 구부려 빗물 등이 침투하지 아니하도록 할 것

4) 가는 눈의 구리망 등으로 인화방지장치를 할 것. 다만, 인화점 70℃ 이상의 위험물만을 해당 위험물의 인화점 미만의 온도로 저장 또는 취급하는 탱크에 설치하는 통기관에 있어서는 그러하지 아니하다.

나. 대기밸브 부착 통기관

1) 가목2) 및 4)의 기준에 적합할 것

2) 별표 6 Ⅵ제7호나목1)의 기준에 적합할 것

9. 간이저장탱크에 고정주유설비 또는 고정급유설비를 설치하는 경우에는 별표 13 Ⅳ의 규정에 의한 고정주유설비 또는 고정급유설비의 기준에 적합하여야 한다.

(7) 이동탱크저장소의 위치구조 설비기준

1. 옥외에 있는 상치장소는 화기를 취급하는 장소 또는 인근의 건축물로부터 5 m 이상(인근의 건축물이 1층인 경우에는 3 m 이상)의 거리를 확보하여야 한다. 다만, 하천의 공지나 수면, 내화구조 또는 불연재료의 담 또는 벽 그 밖에 이와 유사한 것에 접하는 경우를 제외한다.
2. 옥내에 있는 상치장소는 벽·바닥·보·서까래 및 지붕이 내화구조 또는 불연재료로 된 건축물의 1층에 설치하여야 한다.

Ⅱ. 이동저장탱크의 구조

1. 이동저장탱크의 구조는 다음 각 목의 기준에 의하여야 한다.
   가. 탱크(맨홀 및 주입관의 뚜껑을 포함한다)는 두께 3.2 mm 이상의 강철판 또는 이와 동등 이상의 강도·내식성 및 내열성이 있다고 인정하여 소방청장이 정하여 고시하는 재료 및 구조로 위험물이 새지 아니하게 제작할 것
   나. 압력탱크(최대상용압력이 46.7 kPa 이상인 탱크를 말한다) 외의 탱크는 70 kPa의 압력으로, 압력탱크는 최대상용압력의 1.5배의 압력으로 각각 10분간의 수압시험을 실시하여 새거나 변형되지 아니할 것. 이 경우 수압시험은 용접부에 대한 비파괴시험과 기밀시험으로 대신할 수 있다.
2. 이동저장탱크는 그 내부에 4,000 L 이하마다 3.2 mm 이상의 강철판 또는 이와 동등 이상의 강도·내열성 및 내식성이 있는 금속성의 것으로 칸막이를 설치하여야 한다. 다만, 고체인 위험물을 저장하거나 고체인 위험물을 가열하여 액체 상태로 저장하는 경우에는 그러하지 아니하다.
3. 제2호의 규정에 의한 칸막이로 구획된 각 부분마다 맨홀과 다음 각목의 기준에 의한 안전장치 및 방파판을 설치하여야 한다. 다만, 칸막이로 구획된 부분의 용량이 2,000 L 미만인 부분에는 방파판을 설치하지 아니할 수 있다.
   가. 안전장치
   상용압력이 20 kPa 이하인 탱크에 있어서는 20 kPa 이상 24 kPa 이하의 압력에서, 상용압력이 20 kPa를 초과하는 탱크에 있어서는 상용압력의 1.1배 이하의 압력에서 작동하는 것으로 할 것
   나. 방파판
   1) 두께 1.6 mm 이상의 강철판 또는 이와 동등 이상의 강도·내열성 및 내식

성이 있는 금속성의 것으로 할 것

2) 하나의 구획부분에 2개 이상의 방파판을 이동탱크저장소의 진행방향과 평행으로 설치하되, 각 방파판은 그 높이 및 칸막이로부터의 거리를 다르게 할 것

3) 하나의 구획부분에 설치하는 각 방파판의 면적의 합계는 당해 구획부분의 최대 수직단면적의 50% 이상으로 할 것. 다만, 수직단면이 원형이거나 짧은 지름이 1 m 이하의 타원형일 경우에는 40% 이상으로 할 수 있다.

4. 맨홀·주입구 및 안전장치 등이 탱크의 상부에 돌출되어 있는 탱크에 있어서는 다음 각목의 기준에 의하여 부속장치의 손상을 방지하기 위한 측면틀 및 방호틀을 설치하여야 한다. 다만, 피견인자동차에 고정된 탱크에는 측면틀을 설치하지 아니할 수 있다.

가. 측면틀

1) 탱크 뒷부분의 입면도에 있어서 측면틀의 최외측과 탱크의 최외측을 연결하는 직선의 수평면에 대한 내각이 75도 이상이 되도록 하고, 최대수량의 위험물을 저장한 상태에 있을 때의 당해 탱크중량의 중심점과 측면틀의 최외측을 연결하는 직선과 그 중심점을 지나는 직선 중 최외측선과 직각을 이루는 직선과의 내각이 35도 이상이 되도록 할 것

2) 외부로부터 하중에 견딜 수 있는 구조로 할 것

3) 탱크상부의 네 모퉁이에 당해 탱크의 전단 또는 후단으로부터 각각 1 m 이내의 위치에 설치할 것

4) 측면틀에 걸리는 하중에 의하여 탱크가 손상되지 아니하도록 측면틀의 부착부분에 받침판을 설치할 것

나. 방호틀

1) 두께 2.3 mm 이상의 강철판 또는 이와 동등 이상의 기계적 성질이 있는 재료로써 산모양의 형상으로 하거나 이와 동등 이상의 강도가 있는 형상으로 할 것

2) 정상부분은 부속장치보다 50 mm 이상 높게 하거나 이와 동등 이상의 성능이 있는 것으로 할 것

5. 탱크의 외면에는 방청도장을 하여야 한다. 다만, 탱크의 재질이 부식의 우려가 없는 스테인리스 강판 등인 경우에는 그러하지 아니하다.

Ⅲ. 배출밸브 및 폐쇄장치

1. 이동저장탱크의 아랫부분에 배출구를 설치하는 경우에는 당해 탱크의 배출구에 밸브를 설치하고 비상시에 직접 당해 배출밸브를 폐쇄할 수 있는 수동폐쇄장치 또는 자동폐쇄장치를 설치하여야 한다.

2. 제1호에 따른 수동폐쇄장치를 설치하는 경우에는 수동폐쇄장치를 작동시킬 수 있는 레버 또는 이와 유사한 기능을 하는 것을 설치하고, 그 바로 옆에 해당 장치의

작동방식을 표시하여야 한다. 이 경우 레버를 설치하는 경우에는 다음 각 목의 기준에 따라 설치하여야 한다.

가. 손으로 잡아당겨 수동폐쇄장치를 작동시킬 수 있도록 할 것

나. 길이는 15 cm 이상으로 할 것

3. 제1호의 규정에 의하여 배출밸브를 설치하는 경우, 그 배출밸브에 대하여 외부로부터의 충격으로 인한 손상을 방지하기 위하여 필요한 장치를 하여야 한다.
4. 탱크의 배관이 선단부에는 개폐밸브를 설치하여야 한다.

Ⅳ. 결합금속구 등

1. 액체위험물의 이동탱크저장소의 주입호스(이동저장탱크로부터 위험물을 저장 또는 취급하는 다른 탱크로 위험물을 공급하는 호스를 말한다. 제2호 및 제3호에서 같다)는 위험물을 저장 또는 취급하는 탱크의 주입구와 결합할 수 있는 금속구를 사용하되, 그 결합금속구(제6류 위험물의 탱크의 것을 제외한다)는 놋쇠 그 밖에 마찰 등에 의하여 불꽃이 생기지 아니하는 재료로 하여야 한다.
2. 제1호의 규정에 의한 주입호스의 재질과 규격 및 결합금속구의 규격은 소방청장이 정하여 고시한다.
3. 이동탱크저장소에 주입설비(주입호스의 선단에 개폐밸브를 설치한 것을 말한다)를 설치하는 경우에는 다음 각 목의 기준에 의하여야 한다.

가. 위험물이 샐 우려가 없고 화재예방상 안전한 구조로 할 것

나. 주입설비의 길이는 50 m 이내로 하고, 그 선단에 축적되는 정전기를 유효하게 제거할 수 있는 장치를 할 것

다. 분당 토출량은 200 L 이하로 할 것

Ⅴ. 표지 및 상치장소 표시

1. 이동탱크저장소에는 소방청장이 정하여 고시하는 바에 따라 저장하는 위험물의 위험성을 알리는 표지를 설치하여야 한다.
2. 이동탱크저장소의 탱크외부에는 소방청장이 정하여 고시하는 바에 따라 도장 등을 하여 쉽게 식별할 수 있도록 하고, 보기 쉬운 곳에 상치장소의 위치를 표시하여야 한다.

Ⅵ. 펌프설비

1. 이동탱크저장소에 설치하는 펌프설비는 당해 이동탱크저장소의 차량구동용 엔진(피견인식 이동탱크저장소의 견인부분에 설치된 것은 제외한다)의 동력원을 이용하여 위험물을 이송하여야 한다. 다만, 다음 각 목의 기준에 의하여 외부로부터 전

원을 공급받는 방식의 모터펌프를 설치할 수 있다.
가. 저장 또는 취급가능한 위험물은 인화점 40℃ 이상의 것 또는 비인화성의 것에 한할 것
나. 화재예방상 지장이 없는 위치에 고정하여 설치할 것
2. 피견인식 이동탱크저장소의 견인부분에 설치된 차량구동용 엔진의 동력원을 이용하여 위험물을 이송하는 경우에는 다음 각 목의 기준에 적합하여야 한다.
가. 견인부분에 작동유탱크 및 유압펌프를 설치하고, 피견인부분에 오일모터 및 펌프를 설치할 것
나. 트랜스미션(Transmission)으로부터 동력전동축을 경유하여 견인부분의 유압펌프를 작동시키고 그 유압에 의하여 피견인부분의 오일모터를 경유하여 펌프를 작동시키는 구조일 것
3. 이동탱크저장소에 설치하는 펌프설비는 당해 이동저장탱크로부터 위험물을 토출하는 용도에 한한다. 다만, 폐유의 회수 등의 용도에 사용되는 이동탱크저장소에는 다음의 각 목의 기준에 의하여 진공흡입방식의 펌프를 설치할 수 있다.
가. 저장 또는 취급가능한 위험물은 인화점이 70℃ 이상인 폐유 또는 비인화성의 것에 한할 것
나. 감압장치의 배관 및 배관의 이음은 금속제일 것. 다만, 완충용 이음은 내압 및 내유성이 있는 고무제품을, 배기통의 최상부는 합성수지제품을 사용할 수 있다.
다. 호스 선단에는 돌 등의 고형물이 혼입되지 아니하도록 망 등을 설치할 것
라. 이동저장탱크로부터 위험물을 다른 저장소로 옮겨 담는 경우에는 당해 저장소의 펌프 또는 자연하류의 방식에 의하는 구조일 것

Ⅶ. 접지도선

제4류 위험물중 특수인화물, 제1석유류 또는 제2석유류의 이동탱크저장소에는 다음의 각 호의 기준에 의하여 접지도선을 설치하여야 한다.
1. 양도체(良導體)의 도선에 비닐 등의 절연재료로 피복하여 선단에 접지전극등을 결착시킬 수 있는 클립(clip) 등을 부착할 것
2. 도선이 손상되지 아니하도록 도선을 수납할 수 있는 장치를 부착할 것

Ⅷ. 컨테이너식 이동탱크저장소의 특례

1. 이동저장탱크를 차량 등에 옮겨 싣는 구조로 된 이동탱크저장소(이하 "컨테이너식 이동탱크저장소"라 한다)에 대하여는 다음 각 목의 기준에 적합하여야 한다.
가. 이동저장탱크는 옮겨 싣는 때에 이동저장탱크하중에 의하여 생기는 응력 및 변형에 대하여 안전한 구조로 할 것

나. 컨테이너식 이동탱크저장소에는 이동저장탱크하중의 4배의 전단하중에 견디는 걸고리체결금속구 및 모서리체결금속구를 설치할 것. 다만, 용량이 6,000 L 이하인 이동저장탱크를 싣는 이동탱크저장소의 경우에는 이동저장탱크를 차량의 샤시프레임에 체결하도록 만든 구조의 유(U)자볼트를 설치할 수 있다.

다. 컨테이너식 이동탱크저장소에 주입호스를 설치하는 경우에는 Ⅳ의 기준에 의할 것

2. 다음 각 목의 기준에 적합한 이동저장탱크로 된 컨테이너식 이동탱크저장소에 대하여는 Ⅱ제2호 내지 제4호의 규정을 적용하지 아니한다.

가. 이동저장탱크 및 부속장치(맨홀·주입구 및 안전장치 등을 말한다)는 강재로 된 상자형태의 틀(이하 "상자틀"이라 한다)에 수납할 것

나. 상자틀의 구조물중 이동저장탱크의 이동방향과 평행한 것과 수직인 것은 당해 이동저장탱크·부속장치 및 상자틀의 자중과 저장하는 위험물의 무게를 합한 하중(이하 "이동저장탱크하중"이라 한다)의 2배 이상의 하중에, 그 외 이동저장탱크의 이동방향과 직각인 것은 이동저장탱크하중 이상의 하중에 각각 견딜 수 있는 강도가 있는 구조로 할 것

다. 이동저장탱크·맨홀 및 주입구의 뚜껑은 두께 6 mm(당해 탱크의 직경 또는 장경이 1.8 m 이하인 것은 5 mm) 이상의 강판 또는 이와 동등 이상의 기계적 성질이 있는 재료로 할 것

라. 이동저장탱크에 칸막이를 설치하는 경우에는 당해 탱크의 내부를 완전히 구획하는 구조로 하고, 두께 3.2 mm 이상의 강판 또는 이와 동등 이상의 기계적 성질이 있는 재료로 할 것

마. 이동저장탱크에는 맨홀 및 안전장치를 할 것

바. 부속장치는 상자틀의 최외측과 50 mm 이상의 간격을 유지할 것

3. 컨테이너식 이동탱크저장소에 대하여는 Ⅴ제2호를 적용하지 아니하되, 이동저장탱크의 보기 쉬운 곳에 가로 0.4 m 이상, 세로 0.15 m 이상의 백색바탕에 흑색문자로 허가청의 명칭 및 완공검사번호를 표시하여야 한다.

Ⅸ. 주유탱크차의 특례

1. 항공기주유취급소(별표 13 Ⅹ의 규정에 의한 항공기주유취급소를 말한다. 이하 같다)에 있어서 항공기의 연료탱크에 직접 주유하기 위한 주유설비를 갖춘 이동탱크저장소(이하 "주유탱크차"라 한다)에 대하여는 Ⅳ의 규정을 적용하지 아니하되, 다음 각 목의 기준에 적합하여야 한다.

가. 주유탱크차에는 엔진배기통의 선단부에 화염의 분출을 방지하는 장치를 설치할 것

나. 주유탱크차에는 주유호스 등이 적정하게 격납되지 아니하면 발진되지 아니하는 장치를 설치할 것

나. 주유실비는 다음의 기준에 적합한 구조로 할 것

1) 배관은 금속제로서 최대상용압력의 1.5배 이상의 압력으로 10분간 수압시험을 실시하였을 때 누설 그 밖의 이상이 없는 것으로 할 것
2) 주유호스의 선단에 설치하는 밸브는 위험물의 누설을 방지할 수 있는 구조로 할 것
3) 외장은 난연성이 있는 재료로 할 것

라. 주유설비에는 당해 주유설비의 펌프기기를 정지하는 등의 방법에 의하여 이동저장탱크로부터의 위험물 이송을 긴급히 정지할 수 있는 장치를 설치할 것
마. 주유설비에는 개방조작 시에만 개방하는 자동폐쇄식의 개폐장치를 설치하고, 주유호스의 선단부에는 연료탱크의 주입구에 연결하는 결합금속구를 설치할 것. 다만, 주유호스의 선단부에 수동개폐장치를 설치한 주유노즐(수동개폐장치를 개방상태에서 고정하는 장치를 설치한 것을 제외한다)을 설치한 경우에는 그러하지 아니하다.
바. 주유설비에는 주유호스의 선단에 축적된 정전기를 유효하게 제거하는 장치를 설치할 것
사. 주유호스는 최대상용압력의 2배 이상의 압력으로 수압시험을 실시하여 누설 그 밖의 이상이 없는 것으로 할 것

2. 공항에서 시속 40 km 이하로 운행하도록 된 주유탱크차에는 Ⅱ제2호와 제3호(방파판에 관한 부분으로 한정한다)의 규정을 적용하지 아니하되, 다음 각 목의 기준에 적합하여야 한다.
가. 이동저장탱크는 그 내부에 길이 1.5 m 이하 또는 부피 4천 L 이하마다 3.2 mm 이상의 강철판 또는 이와 같은 수준 이상의 강도·내열성 및 내식성이 있는 금속성의 것으로 칸막이를 설치할 것
나. 가목에 따른 칸막이에 구멍을 낼 수 있되, 그 직경이 40 cm 이내일 것

X. 위험물의 성질에 따른 이동탱크저장소의 특례

1. 알킬알루미늄등을 저장 또는 취급하는 이동탱크저장소는 당해 위험물의 성질에 따라 강화되는 기준은 다음 각 목에 의하여야 한다.
가. Ⅱ제1호의 규정에 불구하고 이동저장탱크는 두께 10 mm 이상의 강판 또는 이와 동등 이상의 기계적 성질이 있는 재료로 기밀하게 제작되고 1 MPa 이상의 압력으로 10분간 실시하는 수압시험에서 새거나 변형하지 아니하는 것일 것
나. 이동저장탱크의 용량은 1,900 L 미만일 것
다. Ⅱ제3호 가목의 규정에 불구하고, 안전장치는 이동저장탱크의 수압시험의 압력의 3분의 2를 초과하고 5분의 4를 넘지 아니하는 범위의 압력으로 작동할 것
라. Ⅱ제1호 가목의 규정에 불구하고, 이동저장탱크의 맨홀 및 주입구의 뚜껑은 두께 10 mm 이상의 강판 또는 이와 동등 이상의 기계적 성질이 있는 재료로 할 것

마. Ⅲ제1호의 규정에 불구하고, 이동저장탱크의 배관 및 밸브 등은 당해 탱크의 윗부분에 설치할 것
바. Ⅷ제1호 나목의 규정에 불구하고, 이동탱크저장소에는 이동저장탱크하중의 4배의 전단하중에 견딜 수 있는 걸고리체결금속구 및 모서리체결금속구를 설치할 것
사. 이동저장탱크는 불활성의 기체를 봉입할 수 있는 구조로 할 것
아. 이동저장탱크는 그 외면을 적색으로 도장하는 한편, 백색문자로서 동판(胴板)의 양측면 및 경판(鏡板)에 별표 4 Ⅲ제2호 라목의 규정에 의한 주의사항을 표시할 것

2. 아세트알데히드등을 저장 또는 취급하는 이동탱크저장소는 당해 위험물의 성질에 따라 강화되는 기준은 다음 각목에 의하여야 한다.
가. 이동저장탱크는 불활성의 기체를 봉입할 수 있는 구조로 할 것
나. 이동저장탱크 및 그 설비는 은·수은·동·마그네슘 또는 이들을 성분으로 하는 합금으로 만들지 아니할 것

3. 히드록실아민등을 저장 또는 취급하는 이동탱크저장소는 강화되는 기준은 별표 6 Ⅺ제3호의 규정에 의한 히드록실아민등을 저장 또는 취급하는 옥외탱크저장소의 규정을 준용하여야 한다.

(8) 옥외저장소의 위치구조 설비기준

Ⅰ. 옥외저장소의 기준

1. 옥외저장소 중 위험물을 용기에 수납하여 저장 또는 취급하는 것의 위치·구조 및 설비의 기술기준은 다음 각 목과 같다.
가. 옥외저장소는 별표 4 Ⅰ의 규정에 준하여 안전거리를 둘 것
나. 옥외저장소는 습기가 없고 배수가 잘 되는 장소에 설치할 것
다. 위험물을 저장 또는 취급하는 장소의 주위에는 경계표시(울타리의 기능이 있는 것에 한한다. 이와 같다)를 하여 명확하게 구분할 것
라. 다목의 경계표시의 주위에는 그 저장 또는 취급하는 위험물의 최대수량에 따라 다음 표에 의한 너비의 공지를 보유할 것. 다만, 제4류 위험물 중 제4석유류와 제6류 위험물을 저장 또는 취급하는 옥외저장소의 보유공지는 다음 표에 의한 공지의 너비의 3분의 1 이상의 너비로 할 수 있다.

저장 또는 취급하는 위험물의 최대수량	공지의 너비
지정수량의 10배 이하	3 m 이상
지정수량의 10배 초과 20배 이하	5 m 이상
지정수량의 20배 초과 50배 이하	9 m 이상
지정수량의 50배 초과 200배 이하	12 m 이상
지정수량의 200배 초과	15 m 이상

마. 옥외저장소에는 별표 4 Ⅲ제1호의 기준에 따라 보기 쉬운 곳에 "위험물 옥외저장소"라는 표시를 한 표지와 동표 Ⅲ제2호의 기준에 따라 방화에 관하여 필요한 사항을 게시한 게시판을 설치하여야 한다.

바. 옥외지장소에 선반을 설치하는 경우에는 다음의 기준에 의할 것
1) 선반은 불연재료로 만들고 견고한 지반면에 고정할 것
2) 선반은 당해 선반 및 그 부속설비의 자중·저장하는 위험물의 중량·풍하중·지진의 영향 등에 의하여 생기는 응력에 대하여 안전할 것
3) 선반의 높이는 6 m를 초과하지 아니할 것
4) 선반에는 위험물을 수납한 용기가 쉽게 낙하하지 아니하는 조치를 강구할 것

사. 과산화수소 또는 과염소산을 저장하는 옥외저장소에는 불연성 또는 난연성의 천막 등을 설치하여 햇빛을 가릴 것

아. 눈·비 등을 피하거나 차광 등을 위하여 옥외저장소에 캐노피 또는 지붕을 설치하는 경우에는 환기 및 소화활동에 지장을 주지 아니하는 구조로 할 것. 이 경우 기둥은 내화구조로 하고, 캐노피 또는 지붕을 불연재료로 하며, 벽을 설치하지 아니하여야 한다.

2. 옥외저장소 중 덩어리 상태의 유황만을 지반면에 설치한 경계표시의 안쪽에서 저장 또는 취급하는 것(제1호에 정하는 것을 제외한다)의 위치·구조 및 설비의 기술기준은 제1호 각목의 기준 및 다음 각목과 같다.

가. 하나의 경계표시의 내무의 면적은 100 m^2 이하일 것

나. 2 이상의 경계표시를 설치하는 경우에 있어서는 각각의 경계표시 내부의 면적을 합산한 면적은 1,000 m^2 이하로 하고, 인접하는 경계표시와 경계표시와의 간격을 제1호 라목의 규정에 의한 공지의 너비의 2분의 1 이상으로 할 것. 다만, 저장 또는 취급하는 위험물의 최대수량이 지정수량의 200배 이상인 경우에는 10 m 이상으로 하여야 한다.

다. 경계표시는 불연재료로 만드는 동시에 유황이 새지 아니하는 구조로 할 것

라. 경계표시의 높이는 1.5 m 이하로 할 것

마. 경계표시에는 유황이 넘치거나 비산하는 것을 방지하기 위한 천막 등을 고정하는 장치를 설치하되, 천막 등을 고정하는 장치는 경계표시의 길이 2 m마다 한 개 이상 설치할 것

바. 유황을 저장 또는 취급하는 장소의 주위에는 배수구와 분리장치를 설치할 것

Ⅱ. 고인화점 위험물의 옥외저장소의 특례

1. 고인화점 위험물만을 저장 또는 취급하는 옥외저장소 중 그 위치가 다음 각목에 정하는 기준에 적합한 것에 대하여는 Ⅰ 제1호 가목 및 라목의 규정을 적용하지 아니한다.
   가. 옥외저장소는 별표 4 Ⅺ제1호의 규정에 준하여 안전거리를 둘 것
   나. Ⅰ 제1호 다목의 경계표시의 주위에는 다음 표에 정하는 너비의 공지를 보유할 것

저장 또는 취급하는 위험물의 최대수량	공지의 너비
지정수량의 50배 이하	3 m 이상
지정수량의 50배 초과 200배 이하	6 m 이상
지정수량의 200배 초과	10 m 이상

Ⅲ. 인화성 고체, 제1석유류 또는 알코올류의 옥외저장소의 특례

제2류 위험물 중 인화성 고체(인화점이 21℃ 미만인 것에 한한다.) 또는 제4류 위험물 중 제1석유류 또는 알코올류를 저장 또는 취급하는 옥외저장소에 있어서는 제1호의 규정에 의한 기준에 의하는 외에 당해 위험물의 성질에 따라 다음 각 호에 정하는 기준에 의한다.

1. 인화성 고체, 제1석유류 또는 알코올류를 저장 또는 취급하는 장소에는 당해 위험물을 적당한 온도로 유지하기 위한 살수설비 등을 설치하여야 한다.
2. 제1석유류 또는 알코올류를 저장 또는 취급하는 장소의 주위에는 배수구 및 집유설비를 설치하여야 한다. 이 경우 제1석유류(온도 20℃의 물 100 g에 용해되는 양이 1 g 미만인 것에 한한다)를 저장 또는 취급하는 장소에 있어서는 집유설비에 유분리장치를 설치하여야 한다.

Ⅳ. 수출입 하역장소의 옥외저장소의 특례

「관세법」 제154조에 따른 보세구역, 「항만법」 제2조제1호에 따른 항만 또는 같은 조 제7호에 따른 항만배후단지 내에서 수출입을 위한 위험물을 저장 또는 취급하는 옥외저장소 중 제1호(라목은 제외한다)의 규정에 적합한 것은 다음 표에 정하는 너비의 공지(空地)를 보유할 수 있다.

저장 또는 취급하는 위험물의 최대수량	공지의 너비
지정수량의 50배 이하	3 m 이상
지정수량의 50배 초과 200배 이하	4 m 이상
지정수량의 200배 초과	5 m 이상

(9) 암반탱크저장소의 위치구조 설비기준

Ⅰ. 암반탱크

1. 암반탱크저장소의 암반탱크는 다음 각목의 기준에 의하여 설치하여야 한다.
   가. 암반탱크는 암반투수계수가 10만분의 1 m/초 이하인 천연암반 내에 설치할 것
   나. 암반탱크는 저장할 위험물의 증기압을 억제할 수 있는 지하수면 하에 설치할 것
   다. 암반탱크의 내벽은 암반균열에 의한 낙반을 방지할 수 있도록 볼트·콘크리트 등으로 보강할 것
2. 암반탱크는 다음 각목의 기준에 적합한 수리조건을 갖추어야 한다.
   가. 암반탱크내로 유입되는 지하수의 양은 암반내의 지하수 충전량보다 적을 것
   나. 암반탱크의 상부로 물을 주입하여 수압을 유지할 필요가 있는 경우에는 수벽공을 설치할 것
   다. 암반탱크에 가해지는 지하수압은 저장소의 최대운영압보다 항상 크게 유지할 것

Ⅱ. 지하수위 관측공의 설치

암반탱크저장소 주위에는 지하수위 및 지하수의 흐름 등을 확인·통제할 수 있는 관측공을 설치하여야 한다.

Ⅲ. 계량장치

암반탱크저장소에는 위험물의 양과 내부로 유입되는 지하수의 양을 측정할 수 있는 계량구와 자동측정이 가능한 계량장치를 설치하여야 한다.

Ⅳ. 배수시설

암반탱크저장소에는 주변 암반으로부터 유입되는 침출수를 자동으로 배출할 수 있는 시설을 설치하고 침출수에 섞인 위험물이 직접 배수구로 흘러 들어가지 아니하도록 유분리장치를 설치하여야 한다.

Ⅴ. 펌프설비

암반탱크저장소의 펌프설비는 점검 및 보수를 위하여 사람의 출입이 용이한 구조의 전용공동에 설치하여야 한다. 다만, 액중펌프(펌프 또는 전동기를 저장탱크 또는 암반탱크 안에 설치하는 것을 말한다. 이하 같다)를 설치한 경우에는 그러하지 아니하다.

Ⅵ. 위험물제조소 및 옥외탱크저장소에 관한 기준의 준용

1. 암반탱크저장소에는 별표 4 Ⅲ제1호의 기준에 따라 보기 쉬운 곳에 "위험물 암반

탱크저장소"라는 표시를 한 표지와 동표 Ⅲ제2호의 기준에 따라 방화에 관하여 필요한 사항을 게시한 게시판을 설치하여야 한다.

2. 별표 4 Ⅷ제4호·제6호, 동표 Ⅹ 및 별표 6 Ⅵ제9호의 규정은 암반탱크저장소의 압력계·안전장치, 정전기 제거설비, 배관 및 주입구의 설치에 관하여 이를 준용한다.

(10) 주유취급소의 위치구조 설비기준

Ⅰ. 주유공지 및 급유공지

1. 주유취급소의 고정주유설비(펌프기기 및 호스기기로 되어 위험물을 자동차등에 직접 주유하기 위한 설비로서 현수식의 것을 포함한다. 이하 같다)의 주위에는 주유를 받으려는 자동차 등이 출입할 수 있도록 너비 15 m 이상, 길이 6 m 이상의 콘크리트 등으로 포장한 공지(이하 "주유공지"라 한다)를 보유하여야 하고, 고정급유설비(펌프기기 및 호스기기로 되어 위험물을 용기에 옮겨 담거나 이동저장탱크에 주입하기 위한 설비로서 현수식의 것을 포함한다. 이하 같다)를 설치하는 경우에는 고정급유설비의 호스기기의 주위에 필요한 공지(이하 "급유공지"라 한다)를 보유하여야 한다.
2. 제1호의 규정에 의한 공지의 바닥은 주위 지면보다 높게 하고, 그 표면을 적당하게 경사지게 하여 새어나온 기름 그 밖의 액체가 공지의 외부로 유출되지 아니하도록 배수구·집유설비 및 유분리장치를 하여야 한다.

Ⅱ. 표지 및 게시판

주유취급소에는 별표 4 Ⅲ제1호의 기준에 준하여 보기 쉬운 곳에 "위험물 주유취급소"라는 표시를 한 표지, 동표 Ⅲ제2호의 기준에 준하여 방화에 관하여 필요한 사항을 게시한 게시판 및 황색바탕에 흑색문자로 "주유 중 엔진정지"라는 표시를 한 게시판을 설치하여야 한다.

Ⅲ. 탱크

1. 주유취급소에는 다음 각 목의 탱크 외에는 위험물을 저장 또는 취급하는 탱크를 설치할 수 없다. 다만, 별표 10 Ⅰ의 규정에 의한 이동탱크저장소의 상치장소를 주유공지 또는 급유공지 외의 장소에 확보하여 이동탱크저장소(당해 주유취급소의 위험물의 저장 또는 취급에 관계된 것에 한한다)를 설치하는 경우에는 그러하지 아니하다.

가. 자동차 등에 주유하기 위한 고정주유설비에 직접 접속하는 전용탱크로서 50,000 L 이하의 것
나. 고정급유설비에 직접 접속하는 전용탱크로서 50,000 L 이하의 것
다. 보일러 등에 직접 접속하는 전용탱크로서 10,000 L 이하의 것
라. 자동차 등을 점검·정비하는 작업장 등(주유취급소안에 설치된 것에 한한다)에서 사용하는 폐유·윤활유 등의 위험물을 저장하는 탱크로서 용량(2 이상 설치하는 경우에는 각 용량의 합계를 말한다)이 2,000 L 이하인 탱크(이하 "폐유탱크등"이라 한다)
마. 고정주유설비 또는 고정급유설비에 직접 접속하는 3기 이하의 간이탱크. 다만, 「국토의 계획 및 이용에 관한 법률」에 의한 방화지구 안에 위치하는 주유취급소의 경우를 제외한다.

2. 제1호 가목 내지 라목의 규정에 의한 탱크(다목 및 라목의 규정에 의한 탱크는 용량이 1,000 L를 초과하는 것에 한한다)는 옥외의 지하 또는 캐노피 아래의 지하(캐노피 기둥의 하부를 제외한다)에 매설하여야 한다.
3. 전용탱크·폐유탱크 등 또는 간이탱크의 위치·구조 및 설비의 기준은 다음 각 목과 같다.

가. 지하에 매설하는 전용탱크 또는 폐유탱크 등의 위치·구조 및 설비는 별표 8 Ⅰ[제5호·제10호(게시판에 관한 부분에 한한다)·제11호(액중펌프설비에 관한 부분을 제외한다)·제14호 및 용량 10,000 L를 넘는 탱크를 설치하는 경우에 있어서는 제1호 단서를 제외한다]·별표 8 Ⅱ[별표 8 Ⅰ제5호·제10호(게시판에 관한 부분에 한한다)·제11호(액중펌프설비에 관한 부분을 제외한다)·제14호를 제외한다] 또는 별표 8 Ⅲ[별표 8 Ⅰ제5호·제10호(게시판에 관한 부분에 한한다)·제11호(액중펌프설비에 관한 부분을 제외한다)·제14호를 제외한다]의 규정에 의한 지하저장탱크의 위치·구조 및 설비의 기준을 준용할 것
나. 지하에 매설하지 아니하는 폐유탱크 등의 위치·구조 및 설비는 별표 7 Ⅰ(제1호 다목을 제외한다)의 규정에 의한 옥내저장탱크의 위치·구조·설비 또는 시·도의 조례에 정하는 지정수량 미만인 탱크의 위치·구조 및 설비의 기준을 준용할 것
다. 간이탱크의 구조 및 설비는 별표 9 제4호 내지 제8호의 규정에 의한 간이저장탱크의 구조 및 설비의 기준을 준용하되, 자동차 등과 충돌할 우려가 없도록 설치할 것

Ⅳ. 고정주유설비 등

1. 주유취급소에는 자동차 등의 연료탱크에 직접 주유하기 위한 고정주유설비를 설치하여야 한다.
2. 주유취급소의 고정주유설비 또는 고정급유설비는 Ⅲ제1호 가목·나목 또는 마목의 규정에 의한 탱크중 하나의 탱크만으로부터 위험물을 공급받을 수 있도록 하고,

다음 각 목의 기준에 적합한 구조로 하여야 한다.

가. 펌프기기는 주유관 선단에서의 최대토출량이 제1석유류의 경우에는 분당 50 L 이하, 경유의 경우에는 분당 180 L 이하, 등유의 경우에는 분당 80 L 이하인 것으로 할 것. 다만, 이동저장탱크에 주입하기 위한 고정급유설비의 펌프기기는 최대토출량이 분당 300 L 이하인 것으로 할 수 있으며, 분당 토출량이 200 L 이상인 것의 경우에는 주유설비에 관계된 모든 배관의 안지름을 40 mm 이상으로 하여야 한다.

나. 이동저장탱크의 상부를 통하여 주입하는 고정급유설비의 주유관에는 당해 탱크의 밑부분에 달하는 주입관을 설치하고, 그 토출량이 분당 80 L를 초과하는 것은 이동저장탱크에 주입하는 용도로만 사용할 것

다. 고정주유설비 또는 고정급유설비는 난연성 재료로 만들어진 외장을 설치할 것. 다만, Ⅸ의 규정에 의한 기준에 적합한 펌프실에 설치하는 펌프기기 또는 액중펌프에 있어서는 그러하지 아니하다.

라. 고정주유설비 또는 고정급유설비의 본체 또는 노즐 손잡이에 주유작업자의 인체에 축적되는 정전기를 유효하게 제거할 수 있는 장치를 설치할 것

3. 고정주유설비 또는 고정급유설비의 주유관의 길이(선단의 개폐밸브를 포함한다)는 5 m(현수식의 경우에는 지면 위 0.5 m의 수평면에 수직으로 내려 만나는 점을 중심으로 반경 3 m) 이내로 하고 그 선단에는 축적된 정전기를 유효하게 제거할 수 있는 장치를 설치하여야 한다.

4. 고정주유설비 또는 고정급유설비는 다음 각 목의 기준에 적합한 위치에 설치하여야 한다.

가. 고정주유설비의 중심선을 기점으로 하여 도로경계선까지 4 m 이상, 부지경계선·담 및 건축물의 벽까지 2 m(개구부가 없는 벽까지는 1 m) 이상의 거리를 유지하고, 고정급유설비의 중심선을 기점으로 하여 도로경계선까지 4 m 이상, 부지경계선 및 담까지 1 m 이상, 건축물의 벽까지 2 m(개구부가 없는 벽까지는 1 m) 이상의 거리를 유지할 것

나. 고정주유설비와 고정급유설비의 사이에는 4 m 이상의 거리를 유지할 것

Ⅴ. 건축물 등의 제한 등

1. 주유취급소에는 주유 또는 그에 부대하는 업무를 위하여 사용되는 다음 각 목의 건축물 또는 시설 외에는 다른 건축물 그 밖의 공작물을 설치할 수 없다.

가. 주유 또는 등유·경유를 옮겨 담기 위한 작업장

나. 주유취급소의 업무를 행하기 위한 사무소

다. 자동차 등의 점검 및 간이정비를 위한 작업장

라. 자동차 등의 세정을 위한 작업장

마. 주유취급소에 출입하는 사람을 대상으로 한 점포·휴게음식점 또는 전시장

바. 주유취급소의 관계자가 거주하는 주거시설

사. 전기자동차용 충전설비(전기를 동력원으로 하는 자동차에 직접 전기를 공급하는 설비를 말한다. 이하 같다)

아. 그 밖의 소방청장이 정하여 고시하는 건축물 또는 시설

2. 제1호 각 목의 건축물 중 주유취급소의 직원 외의 자가 출입하는 나목·다목 및 마목의 용도에 제공하는 부분의 면적의 합은 1,000 m^2를 초과할 수 없다.

3. 다음 각 목의 어느 하나에 해당하는 주유취급소(이하 "옥내주유취급소"라 한다)는 소방청장이 정하여 고시하는 용도로 사용하는 부분이 없는 건축물(옥내주유취급소에서 발생한 화재를 옥내주유취급소의 용도로 사용하는 부분 외의 부분에 자동적으로 유효하게 알릴 수 있는 자동화재탐지설비 등을 설치한 건축물에 한한다)에 설치할 수 있다.

가. 건축물 안에 설치하는 주유취급소

나. 캐노피·처마·차양·부연·발코니 및 루버의 수평투영면적이 주유취급소의 공지면적(주유취급소의 부지면적에서 건축물 중 벽 및 바닥으로 구획된 부분의 수평투영면적을 뺀 면적을 말한다)의 3분의 1을 초과하는 주유취급소

Ⅵ. 건축물 등의 구조

1. 주유취급소에 설치하는 건축물 등은 다음 각 목의 규정에 의한 위치 및 구조의 기준에 적합하여야 한다.

가. 건축물, 창 및 출입구의 구조는 다음의 기준에 적합하게 할 것

1) 건축물의 벽·기둥·바닥·보 및 지붕을 내화구조 또는 불연재료로 할 것. 다만, Ⅴ제2호에 따른 면적의 합이 500 m^2를 초과하는 경우에는 건축물의 벽을 내화구조로 하여야 한다.

2) 창 및 출입구(Ⅴ제1호 다목 및 라목의 용도에 사용하는 부분에 설치한 자동차 등의 출입구를 제외한다)에는 방화문 또는 불연재료로 된 문을 설치할 것. 이 경우 Ⅴ제2호에 따른 면적의 합이 500 m^2를 초과하는 주유취급소로서 하나의 구획실의 면적이 500 m^2를 초과하거나 2층 이상의 층에 설치하는 경우에는 해당 구획실 또는 해당 층의 2면 이상의 벽에 각각 출입구를 설치하여야 한다.

나. Ⅴ제1호 바목의 용도에 사용하는 부분은 개구부가 없는 내화구조의 바닥 또는 벽으로 당해 건축물의 다른 부분과 구획하고 주유를 위한 작업장 등 위험물취급장소에 면한 쪽의 벽에는 출입구를 설치하지 아니할 것

다. 사무실 등의 창 및 출입구에 유리를 사용하는 경우에는 망입유리 또는 강화유리로 할 것. 이 경우 강화유리의 두께는 창에는 8 mm 이상, 출입구에는 12 mm 이상으로 하여야 한다.

라. 건축물 중 사무실 그 밖의 화기를 사용하는 곳(Ⅴ제1호 다목 및 라목의 용도에 사용하는 부분을 제외한다)은 누설한 가연성의 증기가 그 내부에 유입되지 아니하도록 다음의 기준에 적합한 구조로 할 것

1) 출입구는 건축물의 안에서 밖으로 수시로 개방할 수 있는 자동폐쇄식의 것으로 할 것
2) 출입구 또는 사이통로의 문턱의 높이를 15 cm 이상으로 할 것
3) 높이 1 m 이하의 부분에 있는 창 등은 밀폐시킬 것

마. 자동차 등의 점검·정비를 행하는 설비는 다음의 기준에 적합하게 할 것
1) 고정주유설비로부터 4 m 이상, 도로경계선으로부터 2 m 이상 떨어지게 할 것. 다만, Ⅴ제1호 다목의 규정에 의한 작업장 중 바닥 및 벽으로 구획된 옥내의 작업장에 설치하는 경우에는 그러하지 아니하다.
2) 위험물을 취급하는 설비는 위험물의 누설·넘침 또는 비산을 방지할 수 있는 구조로 할 것

바. 자동차 등의 세정을 행하는 설비는 다음의 기준에 적합하게 할 것
1) 증기세차기를 설치하는 경우에는 그 주위의 불연재료로 된 높이 1 m 이상의 담을 설치하고 출입구가 고정주유설비에 면하지 아니하도록 할 것. 이 경우 담은 고정주유설비로부터 4 m 이상 떨어지게 하여야 한다.
2) 증기세차기 외의 세차기를 설치하는 경우에는 고정주유설비로부터 4 m 이상, 도로경계선으로부터 2 m 이상 떨어지게 할 것. 다만, Ⅴ제1호 라목의 규정에 의한 작업장 중 바닥 및 벽으로 구획된 옥내의 작업장에 설치하는 경우에는 그러하지 아니하다.

사. 주유원간이대기실은 다음의 기준에 적합할 것
1) 불연재료로 할 것
2) 바퀴가 부착되지 아니한 고정식일 것
3) 차량의 출입 및 주유작업에 장애를 주지 아니하는 위치에 설치할 것
4) 바닥면적이 2.5 m^2 이하일 것. 다만, 주유공지 및 급유공지 외의 장소에 설치하는 것은 그러하지 아니하다.

아. 전기자동차용 충전설비는 다음의 기준에 적합할 것
1) 충전기기(충전케이블로 전기자동차에 전기를 직접 공급하는 기기를 말한다. 이하 같다)의 주위에 전기자동차 충전을 위한 전용 공지(주유공지 또는 급유공지 외의 장소를 말하며, 이하 "충전공지"라 한다)를 확보하고, 충전공지 주위를 페인트 등으로 표시하여 그 범위를 알아보기 쉽게 할 것
2) 전기자동차용 충전설비를 Ⅴ. 건축물 등의 제한 등의 제1호 각 목의 건축물 밖에 설치하는 경우 충전공지는 고정주유설비 및 고정급유설비의 주유관을 최대한 펼친 끝 부분에서 1 m 이상 떨어지도록 할 것
3) 전기자동차용 충전설비를 Ⅴ. 건축물 등의 제한 등의 제1호 각 목의 건축물 안에 설치하는 경우에는 다음의 기준에 적합할 것
   가) 해당 건축물의 1층에 설치할 것
   나) 해당 건축물에 가연성 증기가 남아 있을 우려가 없도록 별표 4 Ⅴ 제1호다목에 따른 환기설비 또는 별표 4 Ⅵ에 따른 배출설비를 설치할 것
4) 전기자동차용 충전설비의 전력공급설비[전기자동차에 전원을 공급하기 위

한 전기설비로서 전력량계, 인입구(引入口) 배선, 분전반 및 배선용 차단기 등을 말한다]는 다음의 기준에 적합할 것

가) 분전반은 방폭성능을 갖출 것. 다만, 분전반을 고정주유설비(제1석유류를 취급하는 고정주유설비만 해당한다. 이하 이 목에서 같다)의 중심선으로부터 6 m 이상, 전용탱크(제1석유류를 취급하는 전용탱크만 해당한다. 이하 이 목에서 같다) 주입구의 중심선으로부터 4 m 이상, 전용탱크 통기관 선단의 중심선으로부터 2 m 이상 이격하여 설치하는 경우에는 그러하지 아니하다.

나) 전력량계, 누전차단기 및 배선용 차단기는 분전반 내에 설치할 것

다) 인입구 배선은 지하에 설치할 것

라) 「전기사업법」에 따른 전기설비의 기술기준에 적합할 것

5) 충전기기와 인터페이스[충전기기에서 전기자동차에 전기를 공급하기 위하여 연결하는 커플러(coupler), 인렛(inlet), 케이블 등을 말한다. 이하 같다]는 다음의 기준에 적합할 것

가) 충전기기는 방폭성능을 갖출 것. 다만, 충전설비의 전원공급을 긴급히 차단할 수 있는 장치를 사무소 내부 또는 충전기기 주변에 설치하고, 충전기기를 고정주유설비의 중심선으로부터 6 m 이상, 전용탱크 주입구의 중심선으로부터 4 m 이상, 전용탱크 통기관 선단의 중심선으로부터 2 m 이상 이격하여 설치하는 경우에는 그러하지 아니하다.

나) 인터페이스의 구성 부품은 「전기용품안전관리법」에 따른 기준에 적합할 것

6) 충전작업에 필요한 주차장을 설치하는 경우에는 다음의 기준에 적합할 것

가) 주유공지, 급유공지 및 충전공지 외의 장소로서 주유를 위한 자동차 등의 진입·출입에 지장을 주지 않는 장소에 설치할 것

나) 주차장의 주위를 페인트 등으로 표시하여 그 범위를 알아보기 쉽게 할 것

다) 지면에 직접 주차하는 구조로 할 것

2. Ⅴ제3호의 규정에 의한 옥내주유취급소는 제1호의 기준에 의하는 외에 다음 각 목에 정하는 기준에 적합한 구조로 하여야 한다.

가. 건축물에서 옥내주유취급소의 용도에 사용하는 부분은 벽·기둥·바닥·보 및 지붕을 내화구조로 하고, 개구부가 없는 내화구조의 바닥 또는 벽으로 당해 건축물의 다른 부분과 구획할 것. 다만, 건축물의 옥내주유취급소의 용도에 사용하는 부분의 상부에 상층이 없는 경우에는 지붕을 불연재료로 할 수 있다.

나. 건축물에서 옥내주유취급소(건축물 안에 설치하는 것에 한한다)의 용도에 사용하는 부분의 2 이상의 방면은 자동차 등이 출입하는 측 또는 통풍 및 피난상 필요한 공지에 접하도록 하고 벽을 설치하지 아니할 것

다. 건축물에서 옥내주유취급소의 용도에 사용하는 부분에는 가연성증기가 체류할 우려가 있는 구멍·구덩이 등이 없도록 할 것

라. 건축물에서 옥내주유취급소의 용도에 사용하는 부분에 상층이 있는 경우에는 상층으로의 연소를 방지하기 위하여 다음의 기준에 적합하게 내화구조로 된 캔틸레버를 설치할 것

1) 옥내주유취급소의 용도에 사용하는 부분(고정주유설비와 접하는 방향 및 나목의 규정에 의하여 벽이 개방된 부분에 한한다)의 바로 위층의 바닥에 이어서 1.5 m 이상 내어 붙일 것. 다만, 바로 위층의 바닥으로부터 높이 7 m 이내에 있는 위층의 외벽에 개구부가 없는 경우에는 그러하지 아니하다.

2) 캔틸레버 선단과 위층의 개구부(열지 못하게 만든 방화문과 연소방지상 필요한 조치를 한 것을 제외한다)까지의 사이에는 7 m에서 당해 캔틸레버의 내어 붙인 거리를 뺀 길이 이상의 거리를 보유할 것

마. 건축물중 옥내주유취급소의 용도에 사용하는 부분 외에는 주유를 위한 작업장 등 위험물취급장소와 접하는 외벽에 창(망입유리로 된 붙박이창을 제외한다) 및 출입구를 설치하지 아니할 것

Ⅶ. 담 또는 벽

1. 주유취급소의 주위에는 자동차 등이 출입하는 쪽 외의 부분에 높이 2 m 이상의 내화구조 또는 불연재료의 담 또는 벽을 설치하되, 주유취급소의 인근에 연소의 우려가 있는 건축물이 있는 경우에는 소방청장이 정하여 고시하는 바에 따라 방화상 유효한 높이로 하여야 한다.

2. 제1호에도 불구하고 다음 각 목의 기준에 모두 적합한 경우에는 담 또는 벽의 일부분에 방화상 유효한 구조의 유리를 부착할 수 있다.

가. 유리를 부착하는 위치는 주입구, 고정주유설비 및 고정급유설비로부터 4 m 이상 이격될 것

나. 유리를 부착하는 방법은 다음의 기준에 모두 적합할 것

1) 주유취급소 내의 지반면으로부터 70 cm를 초과하는 부분에 한하여 유리를 부착할 것

2) 하나의 유리판의 가로의 길이는 2 m 이내일 것

3) 유리판의 테두리를 금속제의 구조물에 견고하게 고정하고 해당 구조물을 담 또는 벽에 견고하게 부착할 것

4) 유리의 구조는 접합유리(두 장의 유리를 두께 0.76 mm 이상의 폴리비닐부티랄 필름으로 접합한 구조를 말한다)로 하되, 「유리구획 부분의 내화시험방법(KS F 2845)」에 따라 시험하여 비차열 30분 이상의 방화성능이 인정될 것

다. 유리를 부착하는 범위는 전체의 담 또는 벽의 길이의 10분의 2를 초과하지 아니할 것

Ⅷ. 캐노피

주유취급소에 캐노피를 설치하는 경우에는 다음 각목의 기준에 의하여야 한다.

가. 배관이 캐노피 내부를 통과할 경우에는 1개 이상의 점검구를 설치할 것

나. 캐노피 외부의 점검이 곤란한 장소에 배관을 설치하는 경우에는 용접이음으로 할 것

다. 캐노피 외부의 배관이 일광열의 영향을 받을 우려가 있는 경우에는 단열재로 피복할 것

Ⅸ. 펌프실 등의 구조

주유취급소 펌프실 그 밖에 위험물을 취급하는 실(이하 Ⅸ에서 "펌프실등"이라 한다)을 설치하는 경우에는 다음 각 목의 기준에 적합하게 하여야 한다.

가. 바닥은 위험물이 침투하지 아니하는 구조로 하고 적당한 경사를 두어 집유설비를 설치할 것

나. 펌프실등에는 위험물을 취급하는데 필요한 채광·조명 및 환기의 설비를 할 것

다. 가연성 증기가 체류할 우려가 있는 펌프실등에는 그 증기를 옥외에 배출하는 설비를 설치할 것

라. 고정주유설비 또는 고정급유설비 중 펌프기기를 호스기기와 분리하여 설치하는 경우에는 펌프실의 출입구를 주유공지 또는 급유공지에 접하도록 하고, 자동폐쇄식의 갑종방화문을 설치할 것

마. 펌프실등에는 별표 4 Ⅲ제1호의 기준에 따라 보기 쉬운 곳에 "위험물 펌프실", "위험물 취급실" 등의 표시를 한 표지와 동표 Ⅲ제2호의 기준에 따라 방화에 관하여 필요한 사항을 게시한 게시판을 설치하여야 한다.

바. 출입구에는 바닥으로부터 0.1 m 이상의 턱을 설치할 것

Ⅹ. 항공기주유취급소의 특례

1. 비행장에서 항공기, 비행장에 소속된 차량 등에 주유하는 주유취급소에 대하여는 Ⅰ, Ⅱ, Ⅲ제1호·제2호, Ⅳ제2호·제3호(주유관의 길이에 관한 규정에 한한다), Ⅶ 및 Ⅷ의 규정을 적용하지 아니한다.
2. 제1호에서 규정한 것 외의 항공기주유취급소에 대한 특례는 다음 각목과 같다.

가. 항공기주유취급소에는 항공기에 직접 주유하는데 필요한 공지를 보유할 것

나. 제1호의 규정에 의한 공지는 그 지면을 콘크리트 등으로 포장할 것

다. 제1호의 규정에 의한 공지에는 누설한 위험물 그 밖의 액체가 공지의 외부로 유출되지 아니하도록 배수구 및 유분리장치를 설치할 것. 다만, 누설한 위험물 등의 유출을 방지하기 위한 조치를 한 경우에는 그러하지 아니하다.

라. 지하식(호스기기가 지하의 상자에 설치된 형식을 말한다. 이하 같다)의 고정주

유설비를 사용하여 주유하는 항공기주유취급소의 경우에는 다음의 기준에 의할 것

1) 호스기기를 설치한 상자에는 적당한 방수조치를 할 것
2) 고정주유설비의 펌프기기와 호스기기를 분리하여 설치한 항공기주유취급소의 경우에는 당해 고정주유설비의 펌프기기를 정지하는 등의 방법에 의하여 위험물저장탱크로부터 위험물의 이송을 긴급히 정지할 수 있는 장치를 설치할 것

마. 연료를 이송하기 위한 배관(이하 "주유배관"이란 한다) 및 당해 주유배관의 선단부에 접속하는 호스기기를 사용하여 주유하는 항공기주유취급소의 경우에는 다음의 기준에 의할 것

1) 주유배관의 선단부에는 밸브를 설치할 것
2) 주유배관의 선단부를 지면 아래의 상자에 설치한 경우에는 당해 상자에 대하여 적당한 방수조치를 할 것
3) 주유배관의 선단부에 접속하는 호스기기는 누설우려가 없도록 하는 등 화재예방상 안전한 구조로 할 것
4) 주유배관의 선단부에 접속하는 호스기기에는 주유호스의 선단에 축적되는 정전기를 유효하게 제거하는 장치를 설치할 것
5) 항공기주유취급소에는 펌프기기를 정지하는 등의 방법에 의하여 위험물저장탱크로부터 위험물의 이송을 긴급히 정지할 수 있는 장치를 설치할 것

바. 주유배관의 선단부에 접속하는 호스기기를 적재한 차량(이하 "주유호스차"라 한다)을 사용하여 주유하는 항공기주유취급소의 경우에는 마목1)·2) 및 5)의 규정에 의하는 외에 다음의 기준에 의할 것

1) 주유호스차는 화재예방상 안전한 장소에 상치할 것
2) 주유호스차에는 별표 10 Ⅸ제1호 가목 및 나목의 규정에 의한 장치를 설치할 것
3) 주유호스차의 호스기기는 별표 10 Ⅸ제1호 다목, 마목 본문 및 사목의 규정에 의한 주유탱크차의 주유설비의 기준을 준용할 것
4) 주유호스차의 호스기기에는 접지도선을 설치하고 주유호스의 선단에 축적되는 정전기를 유효하게 제거할 수 있는 장치를 설치할 것
5) 항공기주유취급소에는 정전기를 유효하게 제거할 수 있는 접지전극을 설치할 것

사. 주유탱크차를 사용하여 주유하는 항공기주유취급소에는 정전기를 유효하게 제거할 수 있는 접지전극을 설치할 것

XI. 철도주유취급소의 특례

1. 철도 또는 궤도에 의하여 운행하는 차량에 주유하는 주유취급소에 대하여는 Ⅰ 내지 Ⅷ의 규정을 적용하지 아니한다.

2. 제1호에서 규정한 것 외의 철도주유취급소에 대한 특례는 다음 각목과 같다.
   가. 철도 또는 궤도에 의하여 운행하는 차량에 직접 주유하는데 필요한 공지를 보유할 것
   나. 가목의 규정에 의한 공지 중 위험물이 누설할 우려가 있는 부분과 고정주유설비 또는 주유배관의 선단부 주위에 있어서는 지면을 콘크리트 등으로 포장할 것
   다. 나목의 규정에 의하여 포장한 부분에는 누설한 위험물 그 밖의 액체가 외부로 유출되지 아니하도록 배수구 및 유분리장치를 설치할 것
   라. 지하식의 고정주유설비를 이용하여 주유하는 경우에는 Ⅹ제2호 라목의 규정을 준용할 것
   마. 주유배관의 선단부에 접속한 호스기기를 이용하여 주유하는 경우에는 Ⅹ제2호 마목의 규정을 준용할 것

XII. 고속국도주유취급소의 특례

고속국도의 도로변에 설치된 주유취급소에 있어서는 Ⅲ제1호가목 및 나목의 규정에 의한 탱크의 용량을 60,000 L까지 할 수 있다.

XIII. 자가용주유취급소의 특례

주유취급소의 관계인이 소유·관리 또는 점유한 자동차 등에 대하여만 주유하기 위하여 설치하는 자가용주유취급소에 대하여는 Ⅰ제1호의 규정을 적용하지 아니한다.

XIV. 선박주유취급소의 특례

1. 선박에 주유하는 주유취급소에 대하여는 Ⅰ제1호, Ⅲ제1호 및 제2호, Ⅳ제3호(주유관의 길이에 관한 규정에 한한다) 및 Ⅶ의 규정을 적용하지 아니한다.
2. 제1호에서 규정한 것 외의 선박주유취급소(고정주유설비를 수상의 구조물에 설치하는 선박주유취급소는 제외한다)에 대한 특례는 다음 각 목과 같다.
   가. 선박주유취급소에는 선박에 직접 주유하기 위한 공지와 계류시설을 보유할 것
   나. 가목의 규정에 의한 공지, 고정주유설비 및 주유배관의 선단부의 주위에는 그 지반면을 콘크리트 등으로 포장할 것
   다. 나목의 규정에 의하여 포장된 부분에는 누설한 위험물 그 밖의 액체가 공지의 외부로 유출되지 아니하도록 배수구 및 유분리장치를 설치할 것. 다만, 누설한 위험물 등의 유출을 방지하기 위한 조치를 한 경우에는 그러하지 아니하다.
   라. 지하식의 고정주유설비를 이용하여 주유하는 경우에는 Ⅹ제2호 라목의 규정을 준용할 것
   마. 주유배관의 선단부에 접속한 호스기기를 이용하여 주유하는 경우에는 Ⅹ제2호 마목의 규정을 준용할 것
   바. 선박주유취급소에서는 위험물이 유출될 경우 회수 등의 응급조치를 강구할 수

있는 설비를 설치할 것

3. 제1호에서 규정한 것 외의 고정주유설비를 수상의 구조물에 설치하는 선박주유취급소에 대한 특례는 다음 각 목과 같다.
   가. Ⅰ제2호 및 Ⅳ제4호를 적용하지 않을 것
   나. 선박주유취급소에는 선박에 직접 주유하는 주유작업과 선박의 계류를 위한 수상구조물을 다음의 기준에 따라 설치할 것
      1) 수상구조물은 철재·목재 등의 견고한 재질이어야 하며, 그 기둥을 해저 또는 하저에 견고하게 고정시킬 것
      2) 선박의 충돌로부터 수상구조물의 손상을 방지할 수 있는 철재로 된 보호구조물을 해저 또는 하저에 견고하게 고정시킬 것
   다. 수상구조물에 설치하는 고정주유설비의 주유작업 장소의 바닥은 불침윤성·불연성의 재료로 포장을 하고, 그 주위에 새어나온 위험물이 외부로 유출되지 않도록 집유설비를 다음의 기준에 따라 설치할 것
      1) 새어나온 위험물을 직접 또는 배수구를 통하여 집유설비로 수용할 수 있는 구조로 할 것
      2) 집유설비는 수시로 용이하게 개방하여 고여 있는 빗물과 위험물을 제거할 수 있는 구조로 할 것
   라. 수상구조물에 설치하는 고정주유설비는 다음의 기준에 따라 설치할 것
      1) 주유호스의 선단부에 수동개폐장치를 부착한 주유노즐을 설치하고, 개방한 상태로 고정시키는 장치를 부착하지 않을 것
      2) 주유노즐은 선박의 연료탱크가 가득 찬 경우 자동적으로 정지시키는 구조일 것
      3) 주유호스는 200 kg중 이하의 하중에 의하여 파단(破斷) 또는 이탈되어야 하고, 파단 또는 이탈된 부분으로부터의 위험물 누출을 방지할 수 있는 구조일 것
   마. 수상구조물에 설치하는 고정주유설비에 위험물을 공급하는 배관계에 위험물 차단밸브를 다음의 기준에 따라 설치할 것. 다만, 위험물을 공급하는 탱크의 최고 액표면의 높이가 해당 배관계의 높이보다 낮은 경우에는 그렇지 않다.
      1) 고정주유설비의 인근에서 주유작업자가 직접 위험물의 공급을 차단할 수 있는 수동식의 차단밸브를 설치할 것
      2) 배관 경로 중 육지 내의 지점에서 위험물의 공급을 차단할 수 있는 수동식의 차단밸브를 설치할 것
   바. 긴급한 경우에 고정주유설비의 펌프를 정지시킬 수 있는 긴급제어장치를 설치할 것
   사. 지하식의 고정주유설비를 이용하여 주유하는경우에는 제2호라목을 준용할 것
   아. 주유배관의 선단부에 접속하는 호스기기를 이용하여 주유하는 경우에는 Ⅹ제2호마목을 준용할 것
   자. 선박주유취급소에는 위험물이 유출될 경우 회수 등의 응급조치를 강구할 수

있는 설비를 다음의 기준에 따라 준비하여 둘 것

1) 오일펜스 : 수면 위로 20 cm 이상 30 cm 미만으로 노출되고, 수면 아래로 30 cm 이상 40 cm 미만으로 잠기는 것으로서, 60 m 이상의 길이일 것

2) 유처리제, 유흡착제 또는 유겔화제 : 다음의 계산식을 충족하는 양 이상일 것

$$20X + 50Y + 15Z = 10{,}000$$

X : 유처리제의 양(L)

Y : 유흡착제의 양(kg)

Z : 유겔화제의 양[액상(L), 분말(kg)]

XV. 고객이 직접 주유하는 주유취급소의 특례

1. 고객이 직접 자동차 등의 연료탱크 또는 용기에 위험물을 주입하는 고정주유설비 또는 고정급유설비(이하 "셀프용고정주유설비" 또는 "셀프용고정급유설비"라 한다)를 설치하는 주유취급소의 특례는 제2호 내지 제5호와 같다.
2. 셀프용고정주유설비의 기준은 다음의 각 목과 같다.
   가. 주유호스의 선단부에 수동개폐장치를 부착한 주유노즐을 설치할 것. 다만, 수동개폐장치를 개방한 상태로 고정시키는 장치가 부착된 경우에는 다음의 기준에 적합하여야 한다.
      1) 주유작업을 개시함에 있어서 주유노즐의 수동개폐장치가 개방상태에 있는 때에는 당해 수동개폐장치를 일단 폐쇄시켜야만 다시 주유를 개시할 수 있는 구조로 할 것
      2) 주유노즐이 자동차 등의 주유구로부터 이탈된 경우 주유를 자동적으로 정지시키는 구조일 것
   나. 주유노즐은 자동차 등의 연료탱크가 가득 찬 경우 자동적으로 정지시키는 구조일 것
   다. 주유호스는 200 kg중 이하의 하중에 의하여 파단(破斷) 또는 이탈되어야 하고, 파단 또는 이탈된 부분으로부터의 위험물 누출을 방지할 수 있는 구조일 것
   라. 휘발유와 경유 상호간의 오인에 의한 주유를 방지할 수 있는 구조일 것
   마. 1회의 연속주유량 및 주유시간의 상한을 미리 설정할 수 있는 구조일 것. 이 경우 주유량의 상한은 휘발유는 100 L 이하, 경유는 200 L 이하로 하며, 주유시간의 상한은 4분 이하로 한다.
3. 셀프용고정급유설비의 기준은 다음 각목과 같다.
   가. 급유호스의 선단부에 수동개폐장치를 부착한 급유노즐을 설치할 것
   나. 급유노즐은 용기가 가득찬 경우에 자동적으로 정지시키는 구조일 것
   다. 1회의 연속급유량 및 급유시간의 상한을 미리 설정할 수 있는 구조일 것 이 경우 급유량의 상한은 100 L 이하, 급유시간의 상한은 6분 이하로 한다.
4. 셀프용고정주유설비 또는 셀프용고정급유설비의 주위에는 다음 각 목에 의하여 표

시를 하여야 한다.

가. 셀프용고정주유설비 또는 셀프용고정급유설비의 주위의 보기 쉬운 곳에 고객이 직접 주유할 수 있다는 의미의 표시를 하고 자동차의 정차위치 또는 용기를 놓는 위치를 표시할 것

나. 주유호스 호스기기 등의 사용방법 및 위험물의 품목을 표시할 것

다. 셀프용고정주유설비 또는 셀프용고정급유설비와 셀프용이 아닌 고정주유설비 또는 고정급유설비를 함께 설치하는 경우에는 셀프용이 아닌 것의 주위에 고객이 직접 사용할 수 없다는 의미의 표시를 할 것

5. 고객에 의한 주유작업을 감시·제어하고 고객에 대한 필요한 지시를 하기 위한 감시대와 필요한 설비를 다음 각목의 기준에 의하여 설치하여야 한다.

가. 감시대는 모든 셀프용고정주유설비 또는 셀프용고정급유설비에서의 고객의 취급작업을 직접 볼 수 있는 위치에 설치할 것

나. 주유 중인 자동차 등에 의하여 고객의 취급작업을 직접 볼 수 없는 부분이 있는 경우에는 당해 부분의 감시를 위한 카메라를 설치할 것

다. 감시대에는 모든 셀프용고정주유설비 또는 셀프용고정급유설비로의 위험물 공급을 정지시킬 수 있는 제어장치를 설치할 것

라. 감시대에는 고객에게 필요한 지시를 할 수 있는 방송설비를 설치할 것

XVI. 수소충전설비를 설치한 주유취급소의 특례

1. 전기를 원동력으로 하는 자동차등에 수소를 충전하기 위한 설비(압축수소를 충전하는 설비에 한정한다)를 설치하는 주유취급소(옥내주유취급소 외의 주유취급소에 한정하며, 이하 "압축수소충전설비 설치 주유취급소"라 한다)의 특례는 제2호부터 제5호까지와 같다.

2. 압축수소충전설비 설치 주유취급소에는 Ⅲ 제1호의 규정에 불구하고 인화성 액체를 원료로 하여 수소를 제조하기 위한 개질장치(改質裝置)(이하 "개질장치"라 한다)에 접속하는 원료탱크(50,000 L 이하의 것에 한정한다)를 설치할 수 있다. 이 경우 원료탱크는 지하에 매설하되, 그 위치, 구조 및 설비는 Ⅲ 제3호가목을 준용한다.

3. 압축수소충전설비 설치 주유취급소에 설치하는 설비의 기술기준은 다음의 각목과 같다.

가. 개질장치의 위치, 구조 및 설비는 별표 4 Ⅶ, 같은 표 Ⅷ 제1호부터 제4호까지, 제6호 및 제8호와 같은 표 Ⅹ에서 정하는 사항 외에 다음의 기준에 적합하여야 한다.

1) 개질장치는 자동차등이 충돌할 우려가 없는 옥외에 설치할 것

2) 개질원료 및 수소가 누출된 경우에 개질장치의 운전을 자동으로 정지시키는 장치를 설치할 것

3) 펌프설비에는 개질원료의 토출압력이 최대상용압력을 초과하여 상승하는

것을 방지하기 위한 장치를 설치할 것

4) 개질장치의 위험물 취급량은 지정수량의 10배 미만일 것

나. 압축기(壓縮機)는 다음의 기준에 적합하여야 한다.

1) 가스의 토출압력이 최대상용압력을 초과하여 상승하는 경우에 압축기의 운전을 자동으로 정지시키는 장치를 설치할 것

2) 토출측과 가장 가까운 배관에 역류방지밸브를 설치할 것

3) 자동차등의 충돌을 방지하는 조치를 마련할 것

다. 충전설비는 다음의 기준에 적합하여야 한다.

1) 위치는 주유공지 또는 급유공지 외의 장소로 하되, 주유공지 또는 급유공지에서 압축수소를 충전하는 것이 불가능한 장소로 할 것

2) 충전호스는 자동차등의 가스충전구와 정상적으로 접속하지 않는 경우에는 가스가 공급되지 않는 구조로 하고, 200 kg중 이하의 하중에 의하여 파단 또는 이탈되어야 하며 이탈된 부분으로부터 가스누출을 방지할 수 있는 구조일 것

3) 자동차등의 충돌을 방지하는 조치를 마련할 것

4) 자동차등의 충돌을 감지하여 운전을 자동으로 정지시키는 구조일 것

라. 가스배관은 다음의 기준에 적합하여야 한다.

1) 위치는 주유공지 또는 급유공지 외의 장소로 하되, 자동차등이 충돌할 우려가 없는 장소로 하거나 자동차등의 충돌을 방지하는 조치를 마련할 것

2) 가스배관으로부터 화재가 발생한 경우에 주유공지·급유공지 및 전용탱크·폐유탱크등·간이탱크의 주입구로의 연소확대를 방지하는 조치를 마련할 것

3) 누출된 가스가 체류할 우려가 있는 장소에 설치하는 경우에는 접속부를 용접할 것. 다만, 당해 접속부의 주위에 가스누출 검지설비를 설치한 경우에는 그러하지 아니하다.

4) 축압기(蓄壓器)로부터 충전설비로의 가스 공급을 긴급히 정지시킬 수 있는 장치를 설치할 것. 이 경우 당해 장치의 기동장치는 화재발생 시 신속히 조작할 수 있는 장소에 두어야 한다.

마. 압축수소의 수입설비(受入設備)는 다음의 기준에 적합하여야 한다.

1) 위치는 주유공지 또는 급유공지 외의 장소로 하되, 주유공지 또는 급유공지에서 가스를 수입하는 것이 불가능한 장소로 할 것

2) 자동차등의 충돌을 방지하는 조치를 마련할 것

4. 압축수소충전설비 설치 주유취급소의 기타 안전조치의 기술기준은 다음 각 목과 같다

가. 압축기, 축압기 및 개질장치가 설치된 장소와 주유공지, 급유공지 및 전용탱크·폐유탱크등·간이탱크의 주입구가 설치된 장소 사이에는 화재가 발생한 경우에 상호 연소확대를 방지하기 위하여 높이 1.5 m 정도의 불연재료의 담을 설치할 것

나. 고정주유설비·고정급유설비 및 전용탱크·폐유탱크등·간이탱크의 주입구로부

터 누출된 위험물이 충전설비·축압기·개질장치에 도달하지 않도록 깊이 30 cm, 폭 10 cm의 집유 구조물을 설치할 것

다. 고정주유설비(현수식의 것을 제외한다)·고정급유설비(현수식의 것을 제외한다) 및 간이탱크의 주위에는 자동차등의 충돌을 방지하는 조치를 마련할 것

5. 압축수소충전설비와 관련된 설비의 기술기준은 제2호부터 제4호까지에서 규정한 사항 외에 「고압가스안전관리법 시행규칙」 별표 5에서 정하는 바에 따른다.

(11) 판매취급소의 위치구조 설비기준

1. 저장 또는 취급하는 위험물의 수량이 지정수량의 20배 이하인 판매취급소(이하 "제1종 판매취급소"라 한다)의 위치·구조 및 설비의 기준은 다음 각목과 같다.

가. 제1종 판매취급소는 건축물의 1층에 설치할 것

나. 제1종 판매취급소에는 별표 4 Ⅲ제1호의 기준에 따라 보기 쉬운 곳에 "위험물 판매취급소(제1종)"라는 표시를 한 표지와 동표 Ⅲ제2호의 기준에 따라 방화에 관하여 필요한 사항을 게시한 게시판을 설치하여야 한다.

다. 제1종 판매취급소의 용도로 사용되는 건축물의 부분은 내화구조 또는 불연재료로 하고, 판매취급소로 사용되는 부분과 다른 부분과의 격벽은 내화구조로 할 것

라. 제1종 판매취급소의 용도로 사용하는 건축물의 부분은 보를 불연재료로 하고, 천장을 설치하는 경우에는 천장을 불연재료로 할 것

마. 제1종 판매취급소의 용도로 사용하는 부분에 상층이 있는 경우에 있어서는 그 상층의 바닥을 내화구조로 하고, 상층이 없는 경우에 있어서는 지붕을 내화구조 또는 불연재료로 할 것

바. 제1종 판매취급소의 용도로 사용하는 부분의 창 및 출입구에는 갑종방화문 또는 을종방화문을 설치할 것

사. 제1종 판매취급소의 용도로 사용하는 부분의 창 또는 출입구에 유리를 이용하는 경우에는 망입유리로 할 것

아. 제1종 판매취급소의 용도로 사용하는 건축물에 설치하는 전기설비는 전기사업법에 의한 전기설비기술기준에 의할 것

자. 위험물을 배합하는 실은 다음에 의할 것

1) 바닥면적은 $6\,m^2$ 이상 $15\,m^2$ 이하로 할 것

2) 내화구조 또는 불연재료로 된 벽을 구획할 것
3) 바닥은 위험물이 침투하지 아니하는 구조로 하여 적당한 경사를 두고 집유설비를 할 것
4) 출입구에는 수시로 열 수 있는 자동폐쇄식의 갑종방화문을 설치할 것
5) 출입구 문턱의 높이는 바닥면으로부터 0.1 m 이상으로 할 것
6) 내부에 체류한 가연성의 증기 또는 가연성의 미분을 지붕 위로 방출하는 설비를 할 것

2. 저장 또는 취급하는 위험물의 수량이 지정수량의 40배 이하인 판매취급소(이하 "제2종 판매취급소"라 한다)의 위치·구조 및 설비의 기준은 제1호가목·나목 및 사목 내지 자목의 규정을 준용하는 외에 다음 각 목의 기준에 의한다.
가. 제2종 판매취급소의 용도로 사용하는 부분은 벽·기둥·바닥 및 보를 내화구조로 하고, 천장이 있는 경우에는 이를 불연재료로 하며, 판매취급소로 사용되는 부분과 다른 부분과의 격벽은 내화구조로 할 것
나. 제2종 판매취급소의 용도로 사용하는 부분에 상층이 있는 경우에 있어서는 상층의 바닥을 내화구조로 하는 동시에 상층으로의 연소를 방지하기 위한 조치를 강구하고, 상층이 없는 경우에는 지붕을 내화구조로 할 것
다. 제2종 판매취급소의 용도로 사용하는 부분 중 연소의 우려가 없는 부분에 한하여 창을 두되, 당해 창에는 갑종방화문 또는 을종방화문을 설치할 것
라. 제2종 판매취급소의 용도로 사용하는 부분의 출입구에는 갑종방화문 또는 을종방화문을 설치할 것. 다만, 당해 부분 중 연소의 우려가 있는 벽 또는 창의 부분에 설치하는 출입구에는 수시로 열 수 있는 자동폐쇄식의 갑종방화문을 설치하여야 한다.

(12) 이송취급소의 위치구조 설비기준

「위험물안전관리법 시행규칙」 [별표 15] 참고

(13) 일반취급소의 위치구조 설비기준

「위험물안전관리법 시행규칙」 [별표 16] 참고

II 제조소등의 소화설비, 경보·피난 설비기준

「위험물안전관리법 시행규칙」 [별표 17] 소화설비, 경보설비 및 피난설비의 기준 참고

≫ 위험물 제조소 게시판

- 규격 : 한 변의 길이 0.3 m, 다른 한 변의 길이 0.6 m 이상
- 게시판 기재사항
  - 취급위험물의 유별 및 품명
  - 저장최대수량, 취급최대수량, 지정수량배수
  - 안전관리자 성명 및 직명
- 위험물제조소 : 백색바탕 흑색문자
- 게시판 : 백색바탕 흑색문자

≫ 표지판 및 게시판의 색깔

- 옥내, 옥외탱크 주입구 : 백색바탕 흑색문자
- 주의사항 : 화기엄금(적색바탕 백색문자)
- 위험물 : 흑색바탕, 황색반사도료 및 기타 반사성이 있는 재료
- 화기엄금 : 적색바탕 백색문자
- 화기주의 : 적색바탕 백색문자
- 물기엄금 : 청색바탕 백색문자
- 주유 중 엔진정지 : 황색바탕 흑색문자

■ 제조소의 안전거리

건축물	안전거리
사용전압 7,000 V 초과 35,000 V 이하의 특고압 가공전선	3 m 이상
사용전압 35,000 V 초과의 특고압 가공전선	5 m 이상
주거용(제조소가 설치된 부지 내에 있는 것은 제외)	10 m 이상
고압가스, 액화석유가스, 도시가스를 저장, 취급하는 시설	20 m 이상
학교, 병원, 극장, 복지시설, 어린이집, 지원시설, 정신보건시설, 보호시설	30 m 이상
유형문화제, 지정문화재	50 m 이상

■ 제조소의 보유공지

취급하는 위험물의 최대수량	공지의 너비
지정수량의 10배 이하	3 m 이상
지정수량의 10배 초과	5 m 이상

■ 제조소의 표지 및 게시판

가. 표지 및 게시판 설치

1) '위험물 제조소'라는 표지를 설치할 것
- 크기 : 한 변의 길이 0.3 m 이상, 다른 한 변의 길이 0.6 m 이상
- 색상 : 백색바탕에 흑색문자

2) 방화에 관하여 필요한 사항을 적은 게시판을 설치할 것
- 크기 : 한 변의 길이 0.3 m 이상, 다른 한 변의 길이 0.6 m 이상
- 기재 내용 : 위험물의 유별, 품명 및 저장최대수량 또는 취급최대수량, 지정수량의 배수 및 안전관리자의 성명 또는 직명
- 게시판의 색상 : 백색바탕에 흑색문자

나. 주의사항 게시판

제1류 위험물의 알칼리금속의 과산화물 외의 것과 제6류 위험물은 주의사항이 없음

위험물의 종류	주의 사항	게시판의 색상
제1류 위험물 중 알칼리금속의 과산화물	물기엄금	청색바탕에 백색문자
제3류 위험물 중 금수성 물질		
제2류 (인화성 고체는 제외)	화기주의	적색바탕에 백색문자
제2류 위험물 중 인화성 고체	화기엄금	
제3류 위험물 중 자연발화성 물질		
제4류 위험물		
제5류 위험물		

(1) 제조소등의 소화난이도등급 및 그에 따른 소화설비

「위험물안전관리법 시행규칙」 [별표 17] 소화설비, 경보설비 및 피난설비의 기준 참고

(2) 위험물의 성질에 따른 소화설비의 적응성

소화설비의 구분			대상물 구분											
			건축물·그 밖의 공작물	전기설비	제1류 위험물		제2류 위험물			제3류 위험물		제4류 위험물	제5류 위험물	제6류 위험물
					알칼리금속과산화물 등	그 밖의 것	철분·금속분·마그네슘 등	인화성 고체	그 밖의 것	금수성 물품	그 밖의 것			
옥내소화전 또는 옥외소화전설비			○			○		○	○		○		○	○
스프링클러설비			○			○		○	○		○	△	○	○
물분무등소화설비	물분무소화설비		○	○		○		○	○		○	○	○	○
	포소화설비		○			○		○	○		○	○	○	○
	불활성가스소화설비			○				○				○		
	할로겐화합물소화설비			○				○				○		
	분말소화설비	인산염류등	○	○		○		○	○			○		○
		탄산수소염류등		○	○		○	○		○		○		
		그 밖의 것			○		○			○				
대형·소형 수동식소화기	봉상수(棒狀水)소화기		○			○		○	○		○		○	○
	무상수(霧狀水)소화기		○	○		○		○	○		○		○	○
	봉상강화액소화기		○			○		○	○		○		○	○
	무상강화액소화기		○	○		○		○	○		○	○	○	○
	포소화기		○			○		○	○		○	○	○	○
	이산화탄소소화기			○				○				○		△
	할로겐화합물소화기			○				○				○		
	분말소화기	인산염류소화기	○	○		○		○	○			○		○
		탄산수소염류소화기		○	○		○	○		○		○		
		그 밖의 것			○		○			○				
기타	물통 또는 수조		○			○		○	○		○		○	○
	건조사				○	○	○	○	○	○	○	○	○	○
	팽창질석 또는 팽창진주암				○	○	○	○	○	○	○	○	○	○

비고

1. "○" 표시는 당해 소방대상물 및 위험물에 대하여 소화설비가 적응성이 있음을 표시하고, "△" 표시는 제4류 위험물을 저장 또는 취급하는 장소의 살수기준면적에 따라 스프링클러설비의 살수밀도가 정하는 기준 이상인 경우에는 당해 스프링클러설비가 제4류 위험물에 대하여 적응성이 있음을, 제6류 위험물을 저장 또는 취급하는 장소로서 폭발의 위험이 없는 장소에 한하여 이산화탄소소화기가 제6류 위험물에 대하여 적응성이 있음을 각각 표시한다.

(3) 소요단위 및 능력단위 산정법

「위험물안전관리법 시행규칙」 [별표 17] 참고

(4) 옥내소화전설비의 설치기준

1. 설치기준

① 소방대상물의 층마다 설치하되 층의 각 부분으로부터 호스접결구까지의 거리는 수평거리 5 m 이내로 한다.
② 문이나 계단으로부터 5 m 이내가 되는 복도벽에 설치한다.

2. 수조

저수조의 내용량은 규정수량보다 20% 이상 크게 한다.
① 점검이 편리한 곳에 설치한다.
② 동결방지조치를 하거나 동결의 우려가 없는 장소에 설치한다.
③ 수조의 외측에 수위계를 설치한다.
④ 수조의 상단이 바닥보다 높을 때에는 수조의 외측에 고정사다리를 설치한다.
⑤ 수조가 실내에 설치된 때에는 그 실내에 조명설비를 설치한다.
⑥ 수조의 밑부분에는 청소용 배수밸브 또는 배수관을 설치한다.
⑦ 수조의 외측의 보기 쉬운 곳에 "옥내소화전설비용 수조"라고 표지한 표시를 한다.
⑧ 옥내소화전 펌프의 흡수배관 또는 옥내소화전설비의 입상배관과 수조의 접속부분에는 "옥내소화전설비용 배관"이라고 표시한 표시를 한다.

3. 가압송수장치

① 전동기 또는 내연기관에 의한 가압송수장치 (송수펌프)
㈀ 펌프의 토출측에는 압력계를, 흡입측에는 연성계 또는 진공계를 설치한다.

(단, 수원의 수위가 펌프의 위치보다 높거나 수직 회전축 펌프의 경우는 예외)

(ㄴ) 정격부하운전 시 펌프의 성능을 시험하기 위한 배관을 설치한다.

(ㄷ) 체절운전 시 수온의 상승을 방지하기 위한 순환배관을 설치한다.

(ㄹ) 기동용 수압개폐장치를 사용할 경우 압력챔버 용적은 100 L 이상의 것으로 한다.

(ㅁ) 수원의 수위가 펌프보다 낮은 위치에 있는 가압송수장치에는 물올림장치를 설치하여야 하며 탱크의 유효수량은 100 L 이상으로 하되 구경 15 mm 이상의 급수배관에 의하여 탱크에 물이 계속 보급되도록 한다.

(ㅂ) 가압송수장치에는 "옥내소화전 펌프"라고 표지한 표시를 한다.

② 고가수조의 자연낙차 압력을 이용한 가압송수장치 고가수조에는 급수관 및 오버플로우관을 설치한다.

4. 배관

① 재질은 배관용 탄소강 강관(KSD 3507) 또는 압력배관용 탄소강 강관(KSD 3562)이나 이와 동등 이상의 강도, 내식성 및 내열성을 가진 것으로 한다.

② 펌프의 흡입측 배관은 공기고임이 생기지 아니하는 구조로 하고 여과장치를 설치한다.

③ 주배관 중 입상관의 구경은 50 mm 이상으로 한다.

④ 연결송수관설비의 배관과 겸용할 경우 주배관은 구경 100 mm 이상, 가지배관은 구경 65 mm 이상으로 한다.

⑤ 펌프의 성능시험 배관은

(ㄱ) 펌프의 토출측에 설치된 개폐밸브 이전에서 분기한다.

(ㄴ) 펌프의 정격토출량의 175% 이상을 측정할 수 있는 유량측정장치를 설치한다.

(ㄷ) 펌프의 성능은 체절운전 시 정격토출압력의 140%를 초과하지 아니하고, 정격토출량의 150%로 운전 시 정격토출압력의 65% 이상이 되어야 한다.

⑥ 수온상승 방지 배관에는 체크밸브와 펌프 사이에서 분기한 구경 20 mm 이상의 배관에 체절압력 미만에서 개방되는 릴리프 설치한다.

⑦ 급수배관에 설치되어 급수를 차단할 수 있는 개폐밸브(옥내소화전 방수구를 제외한다)는 개폐표시형으로 하여야 한다. 이 경우 펌프의 흡입측 배관에는 버

터플라이밸브(볼 형식의 것을 제외한다) 외의 개폐표시형 밸브를 설치하여야 한다.

5. 송수구 설치기준

① 송수구로부터 주배관에 이르는 연결배관에는 개폐밸브를 설치해서는 안 된다. 다만 스프링클러설비, 물분무소화설비, 포소화설비, 연결송수관설비의 배관과 겸용하는 경우에는 예외이다.
② 지면으로부터 높이가 0.5 mm 이상 1 m 이하의 위치에 설치한다.
③ 구경 65 mm의 쌍구형 또는 단구형으로 한다.
④ 송수구의 가까운 부분에 자동배수밸브(또는 직경 5 mm의 배수공) 및 체크밸브를 설치하여야 한다.

6. 앵글밸브

개폐밸브(앵글밸브)는 구경 40 mm로서 옥내소화전함에 설치되며, 설치위치는 바닥으로부터 1.5 m 이하의 높이가 되도록 한다.

7. 자가발전설비 또는 축전지설비의 설치

① 점검에 편리하고 화재 및 침수 등의 재해로 인해 피해를 받을 우려가 없는 곳에 설치한다.
② 옥내소화전설비를 유효하게 20분 이상 작동할 수 있어야 한다.
③ 비상전원의 설치장소는 다른 장소와 방화구획하여야 한다.
④ 비상전원을 실내에 설치하는 때에는 그 실내에 비상조명등을 설치한다.

(5) 옥외소화전설비의 설치기준

옥외소화전설비를 설치하여야 할 소방대상물은 다음과 같다. 다만, 가스시설·지하구 또는 지하가 중 터널의 경우에는 그러하지 아니하다.

1. 지상 1층 및 2층의 바닥면적의 합계가 9천 m^2 이상인 것. 이 경우 동일구내에 2 이상의 건축물이 있는 때에는 그 건축물의 외벽 상호간의 중심선으로부터 수평거리가 지상 1층에 있어서는 3 m 이하, 지상 2층에 있어서는 5 m 이하인 것은 이를 1개의 건축물로 본다.
2. 지정문화재로서 연면적 1천 m^2 이상인 것
3. 제1호에 해당하지 아니하는 공장 및 창고시설로서 별표 4에서 정하는 수량의 750배 이상의 특수가연물을 건축물 밖에 저장·취급하는 것. 다만, 대기환경보전법 제28조에 의하여 비산먼지의 발생을 억제하기 위하여 살수설비를 설치한 것을 제외한다.

(6) 스프링클러설비의 설치기준

(7) 물분무소화설비의 설치기준

(8) 포소화설비의 설치기준

(9) 이산화탄소소화설비의 설치기준

(10) 할로겐화합물소화설비의 설치기준

(11) 분말소화설비의 설치기준

(12) 수동식 소화기의 설치기준

「위험물안전관리법 시행규칙」 [별표 17] 소화설비, 경보설비 및 피난설비의 기준 참고

(13) 경보설비의 설치기준

1. 제조소등별로 설치하여야 하는 경보설비의 종류

제조소등의 구분	제조소등의 규모, 저장 또는 취급하는 위험물의 종류 및 최대수량 등	경보설비
1. 제조소 및 일반취급소	• 연면적 500 m^2 이상인 것 • 옥내에서 지정수량의 100배 이상을 취급하는 것(고인화점 위험물만을 100℃ 미만의 온도에서 취급하는 것을 제외한다) • 일반취급소로 사용되는 부분 외의 부분이 있는 건축물에 설치된 일반취급소(일반취급소와 일반취급소 외의 부분이 내화구조의 바닥 또는 벽으로 개구부 없이 구획된 것을 제외한다)	자동화재탐지설비
2. 옥내저장소	• 지정수량의 100배 이상을 저장 또는 취급하는 것(고인화점 위험물만을 저장 또는 취급하는 것을 제외한다) • 저장창고의 연면적이 150 m^2를 초과하는 것[당해 저장창고가 연면적 150 m^2 이내마다 불연재료의 격벽으로 개구부 없이 완전히 구획된 것과 제2류 또는 제4류의 위험물(인화성 고체 및 인화점이 70℃ 미만인 제4류 위험물을 제외한다)만을 저장 또는 취급하는 것에 있어서는 저장창고의 연면적이 500 m^2 이상의 것에 한한다] • 처마높이가 6 m 이상인 단층건물의 것 • 옥내저장소로 사용되는 부분 외의 부분이 있는 건축물에 설치된 옥내저장소[옥내저장소와 옥내저장소 외의 부분이 내화구조의 바닥 또는 벽으로 개구부 없이 구획된 것과 제2류 또는 제4류의 위험물(인화성 고체 및 인화점이 70℃ 미만인 제4류 위험물을 제외한다)만을 저장 또는 취급하는 것을 제외한다]	
3. 옥내탱크저장소	단층 건물 외의 건축물에 설치된 옥내탱크저장소로서 소화난이도등급 Ⅰ에 해당하는 것	
4. 주유취급소	옥내주유취급소	
5. 제1호 내지 제4호의 자동화재탐지설비 설치대상에 해당하지 아니하는 제조소등	지정수량의 10배 이상을 저장 또는 취급하는 것	자동화재탐지설비, 비상경보설비, 확성장치 또는 비상방송설비 중 1종 이상

비고 : 이송취급소의 경보설비는 별표 15 Ⅳ제14호의 규정에 의한다.

2. 자동화재탐지설비의 설치기준

자동화재탐지설비의 경계구역(화재가 발생한 구역을 다른 구역과 구분하여 식별할 수 있는 최소단위의 구역을 말한다. 이하 이 호 및 제2호에서 같다)은 건축물 그 밖의 공작물의 2 이상의 층에 걸치지 아니하도록 할 것. 다만, 하나의 경계구역의 면적이 500 m^2 이하이면서 당해 경계구역이 두 개의 층에 걸치는 경우이거나 계단·경사로·승강기의 승강로 그 밖에 이와 유사한 장소에 연기감지기를 설치하는 경우에는 그러하지 아니하다.

(14) 피난설비의 설치기준

1. 주유취급소 중 건축물의 2층 이상의 부분을 점포·휴게음식점 또는 전시장의 용도로 사용하는 것에 있어서는 당해 건축물의 2층 이상으로부터 주유취급소의 부지 밖으로 통하는 출입구와 당해 출입구로 통하는 통로·계단 및 출입구에 유도등을 설치하여야 한다.
2. 옥내주유취급소에 있어서는 당해 사무소 등의 출입구 및 피난구와 당해 피난구로 통하는 통로·계단 및 출입구에 유도등을 설치하여야 한다.
3. 유도등에는 비상전원을 설치하여야 한다.

III 기타관련사항

» 판매취급소

점포에서 위험물을 담아 판매하기 위하여 지정수량 40배 이하의 위험물 취급하는 장소

- 제1종 판매취급소 : 저장 또는 취급하는 위험물의 수량; 지정수량 20배 이하
- 제2종 판매취급소 : 저장 또는 취급하는 위험물의 수량; 지정수량 40배 이하
- 이송취급소 : 배관 및 이에 부속된 설비에 의하여 위험물 이송하는 장소
- 일반취급소 : 주유취급소, 판매취급소, 이송취급소 외의 장소

» 지정수량과 취급소
- 지정수량 이상 위험물 : 제조소 등에서 취급
- 지정수량 미만 위험물 : 시·도의 조례에 의해 취급
- 지정수량이상 위험물 임시 저장 시 : 관할소방서장에게 승인 후 90일 이내

» 폐기작업
- 소각할 경우 : 안전한 장소에서 감시원의 입회하에 할 것이며 연소, 폭발에 의하여 타인에게 손해를 주지 아니하는 방법으로 한다.
- 매몰할 경우 : 위험물의 성질에 따라 안전한 장소에서 한다.
- 해중, 수중에 투하 : 바다, 강, 호수에는 유출시키거나 투하해서는 안 된다(단, 타인에게 위해나 손해를 주지 않거나 재해방지를 위해 적당한 조치를 한 때는 무관).

» 위험물안전관리자 선임기간
- 관할 소방본부장, 또는 소방서장에게 30일 이내
- 위반 시 벌칙 : 500만 원 이하 벌금

» 위험물안전관리자 업무
- 화재, 재난방지에 관하여 인접한 제조소 등과 그 밖에 관련된 관계자와 협조체제 유지
- 화재예방규정에 적합 하도록 작업자에게 필요한 지시와 감독
- 위험물제조소 등의 시설 및 소방시설의 점검, 작업자의 지정 작업지시 및 위험물 취급일지 작성
- 위험물시설 안전원이 없는 제조소 등에 있어서는 위험물시설 안전원 업무 담당
- 화재, 재난 발생 시 작업자 지휘하여 응급조치 및 소방관서 연락

» 화재예방규정 정하는 곳
- 지정수량 10배 이상 위험물 취급 : 제조소, 일반취급소
- 지정수량 100배 이상 위험물 취급 : 옥외저장소
- 지정수량 150배 이상 위험물 취급 : 옥내저장소
- 지정수량 200배 이상 위험물 취급 : 옥외탱크저장소
- 암반탱크저장소, 이송취급소

» 제조소 설치기준 : 행자부령

제조소 설치허가 및 용도폐지 신고 : 시·도지사

» 안전거리

건축물 외벽 또는 공작물의 외측으로부터 당해 제조소의 외벽 또는 이에 해당하는 공작물의 외측까지 수평거리

- 특고(7,000～35,000 V 이하) : 3 m 이상
- 특고(35,000 V 초과) : 5 m 이상
- 제조소 동일부지 외에 주택 : 10 m 이상
- 가연성 가스 제조, 저장, 취급시설 : 20 m 이상
- 학교, 병원, 극장, 다수인 출입하는 곳 : 30 m 이상
- 지정문화재 : 50 m 이상

1. 자체 소방대

제조소 일반취급소 : 지정수량 3000배 이상의 제4류 위험물을 저장 취급하는 곳에는 자체 소방대를 두어야 한다.

2. 자체 소방대에 두어야 하는 화학소방차

제조소 및 일반취급소 구분	화학소방차	조작인원
제4류 위험물 지정수량 12만 배 저장 취급	1대	5인
제4류 위험물 12～24만 배 미만 저장 취급	2대	10인
제4류 위험물 24～48만 배 미만 저장 취급	3대	15인
제4류 위험물 지정수량 48만 배 이상	4대	20인

CHAPTER 4

위험물안전관리법 규제의 구도

I 제조소등 설치 및 후속절차

(1) 제조소등 허가

위험물안전관리법 시행령 제6조 (제조소등의 설치 및 변경의 허가) ① 법 제6조제1항에 따라 제조소등의 설치허가 또는 변경허가를 받으려는 자는 설치허가 또는 변경허가신청서에 행정안전부령으로 정하는 서류를 첨부하여 특별시장·광역시장·특별자치시장·도지사 또는 특별자치도지사(이하 "시·도지사"라 한다)에게 제출하여야 한다.

② 시·도지사는 제1항에 따른 제조소등의 설치허가 또는 변경허가 신청 내용이 다음 각 호의 기준에 적합하다고 인정하는 경우에는 허가를 하여야 한다.

1. 제조소등의 위치·구조 및 설비가 법 제5조제4항의 규정에 의한 기술기준에 적합할 것
2. 제조소등에서의 위험물의 저장 또는 취급이 공공의 안전유지 또는 재해의 발생방지에 지장을 줄 우려가 없다고 인정될 것
3. 다음 각 목의 제조소등은 해당 목에서 정한 사항에 대하여 「소방산업의 진흥에 관한 법률」 제14조에 따른 한국소방산업기술원(이하 "기술원"이라 한다)의 기술검토를 받고 그 결과가 행정안전부령으로 정하는 기준에 적합한 것으로 인정될 것. 다만, 보수 등을 위한 부분적인 변경으로서 소방청장이 정하여 고시하는 사항에 대해서는 기술원의 기술검토를 받지 아니할 수 있으나 행정안전부령으로 정하는 기준에는 적합하여야 한다.

가. 지정수량의 3천배 이상의 위험물을 취급하는 제조소 또는 일반취급소 : 구조·설비에 관한 사항

나. 옥외탱크저장소(저장용량이 50만 리터 이상인 것만 해당한다) 또는 암반탱크저장소 : 위험물탱크의 기초·지반, 탱크본체 및 소화설비에 관한 사항

③ 제2항제3호 각 목의 어느 하나에 해당하는 제조소등에 관한 설치허가 또는 변경허가를 신청하는 자는 그 시설의 설치계획에 관하여 미리 기술원의 기술검토를 받아 그 결과를 설치허가 또는 변경허가신청서류와 함께 제출할 수 있다.

(2) 제조소등 완공검사

위험물안전관리법 시행령 제10조 (완공검사의 신청 등) ① 법 제9조의 규정에 의한 제조소등에 대한 완공검사를 받고자 하는 자는 이를 시·도지사에게 신청하여야 한다.

② 제1항의 규정에 의한 신청을 받은 시·도지사는 제조소등에 대하여 완공검사를 실시하고, 완공검사를 실시한 결과 당해 제조소등이 법 제5조제4항의 규정에 의한 기술기준(탱크안전성능검사에 관련된 것을 제외한다)에 적합하다고 인정하는 때에는 완공검사필증을 교부하여야 한다.

③ 제2항의 완공검사필증을 교부받은 자는 완공검사필증을 잃어버리거나 멸실·훼손 또는 파손한 경우에는 이를 교부한 시·도지사에게 재교부를 신청할 수 있다.

④ 완공검사필증을 훼손 또는 파손하여 제3항의 규정에 의한 신청을 하는 경우에는 신청서에 당해 완공검사필증을 첨부하여 제출하여야 한다.

⑤ 제2항의 완공검사필증을 잃어버려 재교부를 받은 자는 잃어버린 완공검사필증을 발견하는 경우에는 이를 10일 이내에 완공검사필증을 재교부한 시·도지사에게 제출하여야 한다.

(3) 탱크안전성능검사

위험물안전관리법 시행령 제8조 (탱크안전성능검사의 대상이 되는 탱크 등) ① 법 제8조제1항 전단에 따라 탱크안전성능검사를 받아야 하는 위험물탱크는 제2항에 따른 탱크안전성능검사별로 다음 각 호의 어느 하나에 해당하는 탱크로 한다.

1. 기초·지반검사 : 옥외탱크저장소의 액체위험물탱크 중 그 용량이 100만 리터 이상인 탱크
2. 충수(充水)·수압검사 : 액체위험물을 저장 또는 취급하는 탱크. 다만, 다음 각 목의 어느 하나에 해당하는 탱크는 제외한다.
   가. 제조소 또는 일반취급소에 설치된 탱크로서 용량이 지정수량 미만인 것
   나. 「고압가스 안전관리법」 제17조제1항에 따른 특정설비에 관한 검사에 합격한 탱크
   다. 「산업안전보건법」 제84조제1항에 따른 안전인증을 받은 탱크
   라. 삭제 [2006.5.25]
3. 용접부검사 : 제1호의 규정에 의한 탱크. 다만, 탱크의 저부에 관계된 변경공사(탱크의 옆판과 관련되는 공사를 포함하는 것을 제외한다)시에 행하여진 법 제18조제2항의 규정에 의한 정기검사에 의하여 용접부에 관한 사항이 행정안전부령으로 정하는 기준에 적합하다고 인정된 탱크를 제외한다.
4. 암반탱크검사 : 액체위험물을 저장 또는 취급하는 암반내의 공간을 이용한 탱크

② 법 제8조제2항의 규정에 의하여 탱크안전성능검사는 기초·지반검사, 충수·수압검사, 용접부검사 및 암반탱크검사로 구분하되, 그 내용은 별표 4와 같다.

제16조 (정기점검의 대상인 제조소등) 법 제18조제1항에서 "대통령령이 정하는 제조소등"이라 함은 다음 각 호의 1에 해당하는 제조소등을 말한다.

1. 제15조 각 호의 1에 해당하는 제조소등
2. 지하탱크저장소
3. 이동탱크저장소
4. 위험물을 취급하는 탱크로서 지하에 매설된 탱크가 있는 제조소·주유취급소 또는 일반취급소

제17조 (정기검사의 대상인 제조소등) 법 제18조제2항에서 "대통령령이 정하는 제조소등"이라 함은 액체위험물을 저장 또는 취급하는 50만 리터 이상의 옥외탱크저장소를 말한다.

제22조 (업무의 위탁) ① 법 제30조제2항에 따라 다음 각 호의 어느 하나에 해당하는 업무는 기술원에 위탁한다.

1. 법 제8조제1항의 규정에 의한 시·도지사의 탱크안전성능검사 중 다음 각 목의 어느 하나에 해당하는 탱크에 대한 탱크안전성능검사
   가. 용량이 100만 리터 이상인 액체위험물을 저장하는 탱크
   나. 암반탱크
   다. 지하탱크저장소의 위험물탱크 중 행정안전부령이 정하는 액체위험물탱크
2. 법 제9조제1항에 따른 시·도지사의 완공검사에 관한 권한 중 다음 각 목의 어느 하나에 해당하는 완공검사
   가. 지정수량이 3천배 이상의 위험물을 취급하는 제조소 또는 일반취급소의 설치 또는 변경(사용 중인 제조소 또는 일반취급소의 보수 또는 부분적인 증설은 제외한다)에 따른 완공검사
   나. 옥외탱크저장소(저장용량이 50만 리터 이상인 것만 해당한다) 또는 암반탱크저장소의 설치 또는 변경에 따른 완공검사
3. 법 제18조제2항의 규정에 의한 소방본부장 또는 소방서장의 정기검사
4. 법 제20조제2항에 따른 시·도지사의 운반용기 검사
5. 법 제28조제1항의 규정에 의한 소방청장의 안전교육에 관한 권한 중 제20조제2호에 해당하는 자에 대한 안전교육

② 법 제30조제2항의 규정에 의하여 법 제28조제1항의 규정에 의한 소방청장의 안전교육 중 제20조제1호 및 제3호의 1에 해당하는 자에 대한 안전교육(별표 5의 안전관리자교육이수자 및 위험물운송자를 위한 안전교육을 포함한다)은 「소방기본법」 제40조의 규정에 의한 한국소방안전원에 위탁한다.

(4) 제조소등 지위승계

위험물안전관리법 제10조 (제조소등 설치자의 지위승계) ① 제조소등의 설치자(제6조제1항의 규정에 따라 허가를 받아 제조소등을 설치한 자를 말한다. 이하 같

다)가 사망하거나 그 제조소등을 양도·인도한 때 또는 법인인 제조소등의 설치자의 합병이 있는 때에는 그 상속인, 제조소등을 양수·인수한 자 또는 합병 후 존속하는 법인이나 합병에 의하여 설립되는 법인은 그 설치자의 지위를 승계한다.

② 민사집행법에 의한 경매, 「채무자 회생 및 파산에 관한 법률」에 의한 환가, 국세징수법·관세법 또는 「지방세징수법」에 따른 압류재산의 매각과 그 밖에 이에 준하는 절차에 따라 제조소등의 시설의 전부를 인수한 자는 그 설치자의 지위를 승계한다.

③ 제1항 또는 제2항의 규정에 따라 제조소등의 설치자의 지위를 승계한 자는 행정안전부령이 정하는 바에 따라 승계한 날부터 30일 이내에 시·도지사에게 그 사실을 신고하여야 한다.

(5) 제조소등 용도폐지

위험물안전관리법 제11조 (제조소등의 폐지) 제조소등의 관계인(소유자·점유자 또는 관리자를 말한다. 이하 같다)은 당해 제조소등의 용도를 폐지(장래에 대하여 위험물시설로서의 기능을 완전히 상실시키는 것을 말한다)한 때에는 행정안전부령이 정하는 바에 따라 제조소등의 용도를 폐지한 날부터 14일 이내에 시·도지사에게 신고하여야 한다.

II 행정처분

(1) 제조소등 사용정지, 허가취소 및 과징금 처분

1. 제조소등 6월 이내의 사용정지 및 허가 취소

① 변경허가를 받지 않고 제조소등의 위치, 구조, 설비를 변경한 때

② 완공검사를 받지 않고 제조소등을 사용한 때
③ 수리, 개조 또는 이전 명령에 위반한 때
④ 위험물안전관리자를 선임하지 않았을 때
⑤ 대리자를 지정하지 않았을 때
⑥ 정기점검 및 정기검사를 하지 않았을 때

2. 과징금 처분

① 과징금 부과권자 : 시·도지사
② 부과사유 : 제조소등에 대한 사용의 정지가 그 이용자에게 심한 불편을 주거나 그 밖에 공익을 해칠 우려가 있는 때
③ 과징금 금액 : 2억원 이하

3. 벌칙

① 1년 이상 10년 이하의 징역
제조소등에서 위험물을 유출, 방출 또는 확산시켜 사람의 생명, 신체 또는 재산에 대하여 위험을 발생시킨 자
② 무기 또는 5년 이상의 징역
제조소등에서 위험물을 유출, 방출 또는 확산시켜 사람을 사망에 이르게 한 때
③ 무기 또는 3년 이상의 징역
제조소등에서 위험물을 유출, 방출 또는 확산시켜 사람을 상해에 이르게 한 때
④ 10년 이하의 징역 또는 금고나 1억원 이하의 벌금
업무상 과실로 제조소등에서 위험물을 유출, 방출 또는 확산시켜 사람을 사상에 이르게 한 자
⑤ 7년 이하의 금고 또는 7000만원 이하의 벌금
업무상 과실로 제조소등에서 위험물을 유출, 방출 또는 확산시켜 사람의 생명, 신체 또는 재산에 대하여 위험을 발생시킨 자
⑥ 5년 이하의 징역 또는 1억원 이하의 벌금
제6조 제1항 전단을 위반하여 제조소등의 설치허가를 받지 않고 제조소등을 설치한 자

⑦ 3년 이하의 징역 또는 3000만원 이하의 벌금
제5조 제1항을 위반하여 저장소 또는 제조소등이 아닌 장소에서 지정수량 이상의 위험물을 저장 또는 취급한자

⑧ 1년 이하의 징역 또는 1000만원 이하의 벌금
(ㄱ) 탱크시험자로 등록하지 않고 탱크시험자의 업무를 한 사람
(ㄴ) 정기점검을 하지 않거나 점검기록을 허위로 작성한 관계인으로서 허가를 받은 사람
(ㄷ) 정기검사를 받지 않은 관계인으로서 허가를 받은 자
(ㄹ) 자체소방대를 두지 않은 관계인으로서 허가를 받은 자

⑨ 1500만원 이하의 벌금
(ㄱ) 위험물의 저장 또는 취급에 관한 중요기준에 따르지 않은 자
(ㄴ) 변경허가를 받지 않고 제조소등을 변경한 자
(ㄷ) 제조소등의 완공검사를 받지 않고 위험물을 저장, 취급한 자
(ㄹ) 안전관리자를 선임하지 않은 관계인으로서 허가를 받은 자
(ㅁ) 대리자를 지정하지 않은 관계인으로서 허가를 받은 자

⑩ 1000만원 이하의 벌금
(ㄱ) 위험물의 취급에 관한 안전관리와 감독을 하지 않은 자
(ㄴ) 안전관리자나 대리자가 참여하지 않은 상태에서 위험물을 취급한 자
(ㄷ) 변경한 예방규정을 제출하지 않은 관계인으로서 허가를 받은 자.
(ㄹ) 위험물의 운반에 관한 중요기준을 따르지 않은 자.
(ㅁ) 국가기술자격자 또는 안전교육을 받지 않고 위험물을 운송하는 자
(ㅂ) 관계인의 정당한 업무를 방해하거나 출입, 검사 등을 수행하면서 알게 된 비밀을 누설한 자

⑪ 200만원 이하의 과태료
(ㄱ) 임시저장기간의 승인을 받지 않은 자
(ㄴ) 위험물의 저장 또는 취급에 관한 세부기준을 위반한 자
(ㄷ) 위험물의 품명 등의 변경신고를 기간 내에 하지 않거나 허위로 한 자
(ㄹ) 위험물제조소등의 지위승계신고를 기간 이내에 하지 않거나 허위로 한 자
(ㅁ) 제조소등의 폐지신고, 안전관리자의 선임신고, 해임신고 또는 퇴직신고를 기간 이내에 하지 않거나 허위로 한 자
(ㅂ) 등록사항의 변경신고를 기간 이내에 하지 않거나 허위로 한 자
(ㅅ) 위험물제조소등의 정기 점검결과를 기록, 보존하지 않은 자

(ㅇ) 위험물의 운반에 관한 세부기준을 위반한 자
(ㅈ) 국가기술자격증 또는 교육수료증을 지니지 않거나 위험물 운송에 관한 기준을 따르지 않은 자.

III 정기점검 및 정기검사

위험물안전관리법 제18조 (정기점검 및 정기검사) ① 대통령령이 정하는 제조소등의 관계인은 그 제조소등에 대하여 행정안전부령이 정하는 바에 따라 제5조제4항의 규정에 따른 기술기준에 적합한지의 여부를 정기적으로 점검하고 점검결과를 기록하여 보존하여야 한다.

② 제1항의 규정에 따른 정기점검의 대상이 되는 제조소등의 관계인 가운데 대통령령이 정하는 제조소등의 관계인은 행정안전부령이 정하는 바에 따라 소방본부장 또는 소방서장으로부터 당해 제조소등이 제5조제4항의 규정에 따른 기술기준에 적합하게 유지되고 있는지의 여부에 대하여 정기적으로 검사를 받아야 한다.

IV 행정감독

(1) 출입검사

위험물안전관리법 제22조 (출입 · 검사 등) ① 소방청장(중앙119구조본부장 및 그 소속 기관의 장을 포함한다. 이하 제22조의2에서 같다), 시 · 도지사, 소방본부장 또는 소방서장은 위험물의 저장 또는 취급에 따른 화재의 예방 또는 진압대책을 위하여 필요한 때에는 위험물을 저장 또는 취급하고 있다고 인정되는 장소의 관계인에 대하여 필요한 보고 또는 자료제출을 명할 수 있으며, 관계공무원으로 하여금 당해 장소에 출입하여 그 장소의 위치·구조·설비 및 위험물의 저장·취급상황에 대하여 검사하게 하거나 관계인에게 질문하게 하고 시험에 필요한 최소한의 위험물 또는 위험물로 의심되는 물품을 수거하게 할 수 있다. 다만, 개인의 주거는 관계인의 승낙을 얻은 경우 또는 화재발생의 우려가 커서 긴급한 필요가 있는 경우가 아니면 출입할 수 없다.

② 소방공무원 또는 국가경찰공무원은 제21조제1항에 따른 위험물의 운송자격을 확인하기 위하여 필요하다고 인정하는 경우에는 주행 중의 이동탱크저장소를 정지시켜 당해 이동탱크저장소에 승차하고 있는 자에 대하여 위험물의 취급에 관한 국가기술자격증 또는 교육수료증의 제시를 요구할 수 있고, 국가기술자격증 또는 교육수료증을 제시하지 아니한 경우에는 주민등록증, 여권, 운전면허증 등 신원확인을 위한 증명서를 제시할 것을 요구하거나 신원확인을 위한 질문을 할 수 있다. 이 직무를 수행하는 경우에 있어서 소방공무원과 국가경찰공무원은 긴밀히 협력하여야 한다.

③ 제1항의 규정에 따른 출입·검사 등은 그 장소의 공개시간이나 근무시간 내 또는 해가 뜬 후부터 해가 지기 전까지의 시간 내에 행하여야 한다. 다만, 건축물 그 밖의 공작물의 관계인의 승낙을 얻은 경우 또는 화재발생의 우려가 커서 긴급한 필요가 있는 경우에는 그러하지 아니하다.

④ 제1항 및 제2항의 규정에 의하여 출입·검사 등을 행하는 관계공무원은 관계인의 정당한 업무를 방해하거나 출입·검사 등을 수행하면서 알게 된 비밀을 다른 자에게 누설하여서는 아니 된다.

⑤ 시·도지사, 소방본부장 또는 소방서장은 탱크시험자에 대하여 필요한 보고 또는 자료제출을 명하거나 관계공무원으로 하여금 당해 사무소에 출입하여 업무의 상황·시험기구·장부·서류와 그 밖의 물건을 검사하게 하거나 관계인에게 질문하게 할 수 있다.

⑥ 제1항·제2항 및 제5항의 규정에 따라 출입·검사 등을 하는 관계공무원은 그 권한을 표시하는 증표를 지니고 관계인에게 이를 내보여야 한다.

(2) 각종 행정명령 및 벌칙

위험물안전관리법 제33조 (벌칙) ① 제조소등에서 위험물을 유출·방출 또는 확산시켜 사람의 생명·신체 또는 재산에 대하여 위험을 발생시킨 자는 1년 이상 10년 이하의 징역에 처한다.

② 제1항의 규정에 따른 죄를 범하여 사람을 상해(傷害)에 이르게 한 때에는 무기 또는 3년 이상의 징역에 처하며, 사망에 이르게 한 때에는 무기 또는 5년 이상의 징역에 처한다.

위험물안전관리법 제34조 (벌칙) ① 업무상 과실로 제조소등에서 위험물을 유출·방출 또는 확산시켜 사람의 생명·신체 또는 재산에 대하여 위험을 발생시킨 자는 7년 이하의 금고 또는 7천만원 이하의 벌금에 처한다.

② 제1항의 죄를 범하여 사람을 사상(死傷)에 이르게 한 자는 10년 이하의 징역 또는 금고나 1억원 이하의 벌금에 처한다.

위험물안전관리법 제34조의2 (벌칙) 제6조제1항 전단을 위반하여 제조소등의 설치허가를 받지 아니하고 제조소등을 설치한 자는 5년 이하의 징역 또는 1억원 이하의 벌금에 처한다.

위험물안전관리법 제34조의3 (벌칙) 제5조제1항을 위반하여 저장소 또는 제조소등이 아닌 장소에서 지정수량 이상의 위험물을 저장 또는 취급한 자는 3년 이하의 징역 또는 3천만원 이하의 벌금에 처한다.

위험물안전관리법 제34조의3 (벌칙) 제5조제1항을 위반하여 저장소 또는 제조소등이 아닌 장소에서 지정수량 이상의 위험물을 저장 또는 취급한 자는 3년 이하의 징역 또는 3천만원 이하의 벌금에 처한다.

위험물안전관리법 제35조 (벌칙) 다음 각 호의 어느 하나에 해당하는 자는 1년 이하의 징역 또는 1천만원 이하의 벌금에 처한다.

1., 2. 삭제 <2017.3.21>

3. 제16조제2항의 규정에 따른 탱크시험자로 등록하지 아니하고 탱크시험자의 업무를 한 자

4. 제18조제1항의 규정을 위반하여 정기점검을 하지 아니하거나 점검기록을 허위로 작성한 관계인으로서 제6조제1항의 규정에 따른 허가(제6조제3항의 규정에 따라 허가가 면제된 경우 및 제7조제2항의 규정에 따라 협의로써 허가를 받은 것으로 보는 경우를 포함한다. 이하 제5호·제6호, 제36조제6호·제7호·제10호 및 제37조제3호에서 같다)를 받은 자
5. 제18조제2항의 규정을 위반하여 정기검사를 받지 아니한 관계인으로서 제6조제1항의 규정에 따른 허가를 받은 자
6. 제19조의 규정을 위반하여 자체소방대를 두지 아니한 관계인으로서 제6조제1항의 규정에 따른 허가를 받은 자
7. 제20조제2항 단서의 규정을 위반하여 운반용기에 대한 검사를 받지 아니하고 운반용기를 사용하거나 유통시킨 자
8. 제22조제1항(제22조의2제2항에서 준용하는 경우를 포함한다)의 규정에 따른 명령을 위반하여 보고 또는 자료제출을 하지 아니하거나 허위의 보고 또는 자료제출을 한 자 또는 관계공무원의 출입·검사 또는 수거를 거부·방해 또는 기피한 자
9. 제25조의 규정에 따른 제조소등에 대한 긴급 사용정지·제한명령을 위반한 자

위험물안전관리법 제36조 (벌칙) 다음 각 호의 어느 하나에 해당하는 자는 1천500만원 이하의 벌금에 처한다.

1. 제5조제3항제1호의 규정에 따른 위험물의 저장 또는 취급에 관한 중요기준에 따르지 아니한 자
2. 제6조제1항 후단의 규정을 위반하여 변경허가를 받지 아니하고 제조소등을 변경한 자
3. 제9조제1항의 규정을 위반하여 제조소등의 완공검사를 받지 아니하고 위험물을 저장·취급한 자
4. 제12조의 규정에 따른 제조소등의 사용정지명령을 위반한 자
5. 제14조제2항의 규정에 따른 수리·개조 또는 이전의 명령에 따르지 아니한 자
6. 제15조제1항 또는 제2항의 규정을 위반하여 안전관리자를 선임하지 아니한 관계인으로서 제6조제1항의 규정에 따른 허가를 받은 자

7. 제15조제5항을 위반하여 대리자를 지정하지 아니한 관계인으로서 제6조제1항의 규정에 따른 허가를 받은 자
8. 제16조제5항의 규정에 따른 업무정지명령을 위반한 자
9. 제16조제6항의 규정을 위반하여 탱크안전성능시험 또는 점검에 관한 업무를 허위로 하거나 그 결과를 증명하는 서류를 허위로 교부한 자
10. 제17조제1항 전단의 규정을 위반하여 예방규정을 제출하지 아니하거나 동조제2항의 규정에 따른 변경명령을 위반한 관계인으로서 제6조제1항의 규정에 따른 허가를 받은 자
11. 제22조제2항에 따른 정지지시를 거부하거나 국가기술자격증, 교육수료증·신원확인을 위한 증명서의 제시 요구 또는 신원확인을 위한 질문에 응하지 아니한 사람
12. 제22조제5항의 규정에 따른 명령을 위반하여 보고 또는 자료제출을 하지 아니하거나 허위의 보고 또는 자료제출을 한 자 및 관계공무원의 출입 또는 조사·검사를 거부·방해 또는 기피한 자
13. 제23조의 규정에 따른 탱크시험자에 대한 감독상 명령에 따르지 아니한 자
14. 제24조의 규정에 따른 무허가장소의 위험물에 대한 조치명령에 따르지 아니한 자
15. 제26조제1항·제2항 또는 제27조의 규정에 따른 저장·취급기준 준수명령 또는 응급조치명령을 위반한 자

위험물안전관리법 제37조 (벌칙) 다음 각 호의 어느 하나에 해당하는 자는 1천만원 이하의 벌금에 처한다.

1. 제15조제6항을 위반하여 위험물의 취급에 관한 안전관리와 감독을 하지 아니한 자
2. 제15조제7항을 위반하여 안전관리자 또는 그 대리자가 참여하지 아니한 상태에서 위험물을 취급한 자
3. 제17조제1항 후단의 규정을 위반하여 변경한 예방규정을 제출하지 아니한 관계인으로서 제6조제1항의 규정에 따른 허가를 받은 자
4. 제20조제1항제1호의 규정을 위반하여 위험물의 운반에 관한 중요기준에 따르지 아니한 자
5. 제21조제1항 또는 제2항의 규정을 위반한 위험물운송자

6. 제22조제4항(제22조의2제2항에서 준용하는 경우를 포함한다)의 규정을 위반하여 관계인의 정당한 업무를 방해하거나 출입·검사 등을 수행하면서 알게 된 비밀을 누설한 자

위험물안전관리법 제38조 (양벌규정) ① 법인의 대표자나 법인 또는 개인의 대리인, 사용인, 그 밖의 종업원이 그 법인 또는 개인의 업무에 관하여 제33조제1항의 위반행위를 하면 그 행위자를 벌하는 외에 그 법인 또는 개인을 5천만원 이하의 벌금에 처하고, 같은 조 제2항의 위반행위를 하면 그 행위자를 벌하는 외에 그 법인 또는 개인을 1억원 이하의 벌금에 처한다. 다만, 법인 또는 개인이 그 위반행위를 방지하기 위하여 해당 업무에 관하여 상당한 주의와 감독을 게을리하지 아니한 경우에는 그러하지 아니하다.

② 법인의 대표자나 법인 또는 개인의 대리인, 사용인, 그 밖의 종업원이 그 법인 또는 개인의 업무에 관하여 제34조 부터 제37조까지의 어느 하나에 해당하는 위반행위를 하면 그 행위자를 벌하는 외에 그 법인 또는 개인에게도 해당 조문의 벌금형을 과(科)한다. 다만, 법인 또는 개인이 그 위반행위를 방지하기 위하여 해당 업무에 관하여 상당한 주의와 감독을 게을리하지 아니한 경우에는 그러하지 아니하다.

위험물안전관리법 제39조 (과태료) ① 다음 각 호의 어느 하나에 해당하는 자는 200만원 이하의 과태료에 처한다.

1. 제5조제2항제1호의 규정에 따른 승인을 받지 아니한 자
2. 제5조제3항제2호의 규정에 따른 위험물의 저장 또는 취급에 관한 세부기준을 위반한 자
3. 제6조제2항의 규정에 따른 품명 등의 변경신고를 기간 이내에 하지 아니하거나 허위로 한 자
4. 제10조제3항의 규정에 따른 지위승계신고를 기간 이내에 하지 아니하거나 허위로 한 자
5. 제11조의 규정에 따른 제조소등의 폐지신고 또는 제15조제3항의 규정에 따른 안전관리자의 선임신고를 기간 이내에 하지 아니하거나 허위로 한 자
6. 제16조제3항의 규정을 위반하여 등록사항의 변경신고를 기간 이내에 하지 아니하거나 허위로 한 자
7. 제18조제1항의 규정을 위반하여 점검결과를 기록·보존하지 아니한 자

8. 제20조제1항제2호의 규정에 따른 위험물의 운반에 관한 세부기준을 위반한 자
9. 제21조제3항의 규정을 위반하여 위험물의 운송에 관한 기준을 따르지 아니한 자

② 제1항의 규정에 따른 과태료는 대통령령이 정하는 바에 따라 시·도지사, 소방본부장 또는 소방서장(이하 "부과권자"라 한다)이 부과·징수한다.

③, ④, ⑤ 삭제 <2014.12.30>

⑥ 제4조 및 제5조제2항 각 호 외의 부분 후단의 규정에 따른 조례에는 200만원 이하의 과태료를 정할 수 있다. 이 경우 과태료는 부과권자가 부과·징수한다.

V 기타관련사항

위험물안전관리법 제32조 (벌칙적용에 있어서의 공무원 의제) 다음 각 호의 자는 형법 제129조 내지 제132조의 적용에 있어서는 이를 공무원으로 본다.

1. 제8조 제1항 후단의 규정에 따른 검사업무에 종사하는 기술원의 담당 임원 및 직원
2. 제16조 제1항의 규정에 따른 탱크시험자의 업무에 종사하는 자
3. 제30조 제2항의 규정에 따라 위탁받은 업무에 종사하는 안전원 및 기술원의 담당 임원 및 직원

≫ 위험물 운송에 관한 국제기준

제1급 : 화약류(폭발성 물질, 폭발성 제품)

제2급 : 가스류(압축, 액화, 용해, 냉동액화, 혼합가스)

제3급 : 인화성 액체류(61℃ 이하 온도에서 인화성 증기 방출하는 액체 혼합물)

제4급 : 가연성 물질류(운송상태에서 쉽게 발화하거나 화재를 일으킬 수 있는 물질)

제5급 : 산화성 물질류(유기 과산화물질)

제6급 : 독물류(독물 및 전염성 물질)

제7급 : 방사성 물질(비방사능이 70 kbq/kg 이상)

제8급 : 부식성 물질(생체조직에 심한 손상을 줄 수 있는 고체, 액체 물질)

제9급 : 유해성 물질(사람에게 해를 끼치거나 다른 물건 손상시킬 우려 있는 물질)

PART

부 록 3

CHAPTER 1 위험물의 유별 공통사항

I 위험물의 종류

제1류 위험물의 종류

유별	성질	품명		위험등급	지정수량
제1류	산화성 고체	1. 아염소산염류, 염소산염류, 과염소산염류, 무기과산화물		Ⅰ	50 kg
		2. 브롬산염류, 질산염류, 요오드산염류		Ⅱ	300 kg
		3. 과망간산염류, 중크롬산염류		Ⅲ	1,000 kg
		4. 그 밖의 행정안전부령이 정하는 것	① 과요오드산염류 ② 과요오드산 ③ 크롬, 납 또는 요오드의 산화물 ④ 아질산염류 ⑤ 염소화이소시아눌산 ⑥ 퍼옥소이황산염류 ⑦ 퍼옥소붕산염류	Ⅱ	300 kg 300 kg 300 kg 300 kg 300 kg 300 kg 300 kg
			⑧ 차아염소산염류	Ⅰ	50 kg
		5. 제1호 내지 제4호의 1에 해당하는 어느 하나 이상을 함유한 것		Ⅰ Ⅱ Ⅲ	50 kg 300 kg 1,000 kg

제2류 위험물의 종류

유별	성질	품명	위험등급	지정수량
제2류	가연성 고체	1. 황화린, 적린, 유황	Ⅱ	100 kg
		2. 철분, 금속분, 마그네슘	Ⅲ	500 kg
		3. 그 밖의 행정안전부령이 정하는 것 4. 제1호 내지 제3호의 1에 해당하는 어느 하나 이상을 함유한 것	Ⅱ, Ⅲ	100 kg 또는 500 kg
		5. 인화성 고체	Ⅲ	1,000 kg

제3류 위험물의 종류

<table>
<tr><th>유별</th><th>성질</th><th colspan="2">품명</th><th>위험등급</th><th>지정수량</th></tr>
<tr><td rowspan="6">제
3
류</td><td rowspan="6">자연
발화성
물질
및
금수성
물질</td><td colspan="2">1. 칼륨, 나트륨, 알킬알루미늄, 알킬리튬</td><td>I</td><td>10 kg</td></tr>
<tr><td colspan="2">2. 황린</td><td>I</td><td>20 kg</td></tr>
<tr><td colspan="2">3. 알칼리금속(칼륨 및 나트륨 제외) 및 알칼리토금속, 유기금속화합물(알킬알루미늄 및 알킬리튬 제외)</td><td>II</td><td>50 kg</td></tr>
<tr><td colspan="2">4. 금속의 수소화물, 금속의 인화물, 칼슘 또는 알루미늄의 탄화물</td><td>III</td><td>300 kg</td></tr>
<tr><td>5. 그 밖의 행정안전부령이 정하는 것</td><td>염화규소화합물</td><td>III</td><td>300 kg</td></tr>
<tr><td colspan="2">6. 제1호 내지 제5호의 1에 해당하는 어느 하나 이상을 함유한 것</td><td>I
II
III</td><td>10 kg
50 kg
300 kg</td></tr>
</table>

제4류 위험물의 종류

<table>
<tr><th>유별</th><th>성질</th><th colspan="2">품명</th><th>위험등급</th><th>지정수량</th></tr>
<tr><td rowspan="10">제
4
류</td><td rowspan="10">인화성
액체</td><td colspan="2">특수 인화물류</td><td>I</td><td>50 L</td></tr>
<tr><td rowspan="2">제1석유류</td><td>비수용성</td><td rowspan="3">II</td><td>200 L</td></tr>
<tr><td>수용성</td><td>400 L</td></tr>
<tr><td colspan="2">알코올류</td><td>400 L</td></tr>
<tr><td rowspan="2">제2석유류</td><td>비수용성</td><td rowspan="6">III</td><td>1,000 L</td></tr>
<tr><td>수용성</td><td>2,000 L</td></tr>
<tr><td rowspan="2">제3석유류</td><td>비수용성</td><td>2,000 L</td></tr>
<tr><td>수용성</td><td>4,000 L</td></tr>
<tr><td colspan="2">제4석유류</td><td>6,000 L</td></tr>
<tr><td colspan="2">동·식물유류</td><td>1,0000 L</td></tr>
</table>

제5류 위험물의 종류

<table>
<tr><th>유별</th><th>성질</th><th colspan="2">품명</th><th>위험등급</th><th>지정수량</th></tr>
<tr><td rowspan="6">제
5
류</td><td rowspan="6">자기
반응성
물질</td><td colspan="2">1. 유기과산화물, 질산에스테르류</td><td>I</td><td>10 kg</td></tr>
<tr><td colspan="2">2. 니트로화합물 및 니트로소화합물, 아조화합물, 디아조화합물 및 히드라진 유도체</td><td>I</td><td>200 kg</td></tr>
<tr><td colspan="2">3. 히드록실아민, 히드록실아민염류</td><td>II</td><td>100 kg</td></tr>
<tr><td rowspan="2">4. 그 밖의 행정안전부령이 정하는 것</td><td>금속의 아지화합물</td><td rowspan="2">III</td><td rowspan="2">200 kg</td></tr>
<tr><td>질산구아니딘</td></tr>
<tr><td colspan="2">5. 제1호 내지 제4호의 1에 해당하는 어느 하나 이상을 함유한 것</td><td>I
II
III</td><td>10 kg
100 kg
200 kg</td></tr>
</table>

제6류 위험물의 종류

<table>
<tr><th>유별</th><th>성질</th><th colspan="2">품명</th><th>위험등급</th><th>지정수량</th></tr>
<tr><td rowspan="3">제6류</td><td rowspan="3">산화성 액체</td><td colspan="2">1. 과염소산, 과산화수소, 질산</td><td>Ⅰ</td><td>300 kg</td></tr>
<tr><td>2. 그 밖의 행정안전부령이 정하는 것</td><td>할로겐간 화합물 (BrF_3, IF_5 등)</td><td>Ⅰ</td><td>300 kg</td></tr>
<tr><td colspan="2">3. 제1호 내지 제2호의 1에 해당하는 어느 하나 이상을 함유한 것</td><td>Ⅰ</td><td>300 kg</td></tr>
</table>

II 제1류 위험물

<table>
<tr><th>유별</th><th>성질</th><th colspan="2">품명</th><th>위험등급</th><th>지정수량</th></tr>
<tr><td rowspan="6">제1류</td><td rowspan="6">산화성 고체</td><td colspan="2">1. 아염소산염류, 염소산염류, 과염소산염류, 무기과산화물</td><td>Ⅰ</td><td>50 kg</td></tr>
<tr><td colspan="2">2. 브롬산염류, 질산염류, 요오드산염류</td><td>Ⅱ</td><td>300 kg</td></tr>
<tr><td colspan="2">3. 과망간산염류, 중크롬산염류</td><td>Ⅲ</td><td>1,000 kg</td></tr>
<tr><td rowspan="2">4. 그 밖의 행정안전부령이 정하는 것</td><td>① 과요오드산염류
② 과요오드산
③ 크롬, 납 또는 요오드의 산화물
④ 아질산염류
⑤ 염소화이소시아눌산
⑥ 퍼옥소이황산염류
⑦ 퍼옥소붕산염류</td><td>Ⅱ</td><td>300 kg
300 kg
300 kg
300 kg
300 kg
300 kg
300 kg</td></tr>
<tr><td>⑧ 차아염소산염류</td><td>Ⅰ</td><td>50 kg</td></tr>
<tr><td colspan="2">5. 제1호 내지 제4호의 1에 해당하는 어느 하나 이상을 함유한 것</td><td>Ⅰ
Ⅱ
Ⅲ</td><td>50 kg
300 kg
1,000 kg</td></tr>
</table>

구분	공통 성질 및 저장, 취급 시 유의 사항
제1류 위험물	(1) 공통 성질 ① 모두 무기화합물로서 대부분 무색 결정 또는 백색 분말의 산화성 고체이다. ② 일반적으로 불연성 고체이며 산소를 많이 함유하고 있는 강산화제이다. ③ 조연성 물질로서 반응성이 풍부하여 가열, 충격, 마찰 또는 분해를 촉진하는 약품과의 접촉으로 인해 폭발할 위험이 있다. (산소 방출하여 가연물 연소 도움) ④ 비중이 1보다 크고, 대부분 물에 잘 녹으며, 물과 작용하여 열과 산소를 발생시키는 것도 있다. (질산염류와 같이 조해성이 있는 것도 있다.)
	(2) 위험성 ① 가열 또는 제6류 위험물과 혼합하면 산화성이 증대된다. ② NHN_4O_3, NH_4ClO_3은 가연물과 접촉·혼합으로 분해 폭발한다. ③ 무기과산화물은 물과 반응하여 산소를 방출하고 심하게 발열한다. ④ 유기물과 혼합하면 폭발의 위험이 있다. ⑤ 삼산화크롬(CrO_3)은 물과 반응하여 강산이 되며 심하게 발열한다.
	(3) 저장 및 취급 방법 ① 가열, 마찰, 충격 등을 피한다. ② 환원제인 제2류 위험물과의 접촉을 피한다. ③ 조해성 물질은 방습하고 수분과의 접촉을 피한다. ④ 무기과산화물은 공기나 물과의 접촉을 피한다. ⑤ 분해를 촉진하는 물질과의 접촉을 피한다. ⑥ 무기과산화물은 분말약제를 사용하여 질식소화 한다. ⑦ 용기를 옮길 때에는 밀폐용기를 사용한다. ⑧ 취급 시 용기 등의 파손에 의한 위험물의 누설에 주의할 것 ⑨ 통풍이 잘 되는 차가운 곳에 저장할 것
	(4) 소화방법 ① 제1류 위험물 : 냉각소화 ② 알칼리금속의 과산화물 : 마른 모래, 탄산수소염류분말약제, 팽창질석, 팽창진주암

III 제2류 위험물

유별	성질	품명	위험등급	지정수량
제2류	가연성 고체	1. 황화린, 적린, 유황	II	100 kg
		2. 철분, 금속분, 마그네슘	III	500 kg
		3. 그 밖의 행정안전부령이 정하는 것 4. 제1호 내지 제3호의 1에 해당하는 어느 하나 이상을 함유한 것	II, III	100 kg 또는 500 kg
		5. 인화성 고체	III	1,000 kg

구분	공통 성질 및 저장, 취급 시 유의 사항
제2류 위험물	(1) 공통 성질 ① 가연성 고체로서 비교적 낮은 온도에서 착화하기 쉬운 가연성, 속연성 물질이다. ② 비중은 1보다 크고 물에 불용성이며 강력한 환원성 물질이다. ③ 산소와 결합이 용이하여 산화되기 쉽고 연소속도가 빠르다. ④ 연소 시 유독 가스를 발생하며 연소열이 크고 연소온도가 높다. ⑤ 철분, 마그네슘, 금속분은 물과 산의 접촉 시 발열한다.
	(2) 위험성 ① 착화 온도가 낮아 저온에서 발화가 용이하다. ② 연소속도가 빠르고 연소 시 다량의 빛과 열을 발생한다. ③ 수분과 접촉하면 자연발화하고 금속분은 산, 할로겐원소, 황화수소와 접촉하면 발열·발화한다. ④ 산화제(1류, 6류)와 혼합한 것은 가열·충격·마찰에 의해 발화 폭발위험이 있다.
	(3) 저장 및 취급 방법 ① 화기를 피하고 불티, 불꽃, 고온체와의 접촉을 피한다. ② 산화제(제1류, 제6류 위험물)와의 혼합 또는 접촉을 피한다. ③ 철분, 마그네슘, 금속분은 물, 습기, 산과의 접촉을 피한다. ④ 통풍이 잘 되는 냉암소에 보관, 저장하며 폐기 시는 소량씩 소각 처리한다. ⑤ 유황은 물에 의한 냉각소화가 적당하다. ⑥ 저장용기는 밀봉하여 용기의 파손과 위험물의 누출을 방지한다.
	(4) 소화방법 ① 주수에 의한 냉각소화 및 질식소화 실시 ② 금속분의 화재에는 건조사 등에 의한 소화 실시

IV 제3류 위험물

<table>
<tr><th>유별</th><th>성질</th><th colspan="2">품명</th><th>위험등급</th><th>지정수량</th></tr>
<tr><td rowspan="6">제3류</td><td rowspan="6">자연발화성 물질 및 금수성 물질</td><td colspan="2">1. 칼륨, 나트륨, 알킬알루미늄, 알킬리튬</td><td>Ⅰ</td><td>10 kg</td></tr>
<tr><td colspan="2">2. 황린</td><td>Ⅰ</td><td>20 kg</td></tr>
<tr><td colspan="2">3. 알칼리금속(칼륨 및 나트륨 제외) 및 알칼리토금속, 유기금속화합물(알킬알루미늄 및 알킬리튬 제외)</td><td>Ⅱ</td><td>50 kg</td></tr>
<tr><td colspan="2">4. 금속의 수소화물, 금속의 인화물, 칼슘 또는 알루미늄의 탄화물</td><td>Ⅲ</td><td>300 kg</td></tr>
<tr><td>5. 그 밖의 행정안전부령이 정하는 것</td><td>염화규소화합물</td><td>Ⅲ</td><td>300 kg</td></tr>
<tr><td colspan="2">6. 제1호 내지 제5호의 1에 해당하는 어느 하나 이상을 함유한 것</td><td>Ⅰ
Ⅱ
Ⅲ</td><td>10 kg
50 kg
300 kg</td></tr>
</table>

<table>
<tr><th>구분</th><th>공통 성질 및 저장, 취급 시 유의 사항</th></tr>
<tr><td rowspan="4">제3류
위험물</td><td>(1) 공통 성질
① 대부분 무기화합물이며 고체 또는 액체이다.
② 칼륨, 나트륨, 알킬알루미늄(액체), 알킬리튬은 물보다 가볍고 나머지는 물보다 무겁다.
③ 칼륨, 나트륨, 황린, 알킬알루미늄은 연소하고 나머지는 연소하지 않는다.
④ 물과 반응하여 화학적으로 활성화한다. (물과 접촉 시 발열 또는 발화)
⑤ 자연 발화성 물질로서 공기와의 접촉으로 자연 발화하는 경우도 있다.</td></tr>
<tr><td>(2) 위험성
① 황린을 제외한 금수성 물질은 물과 반응하여 가연성 가스(수소, 아세틸렌, 포스핀)를 발생하고 발열한다.
② 자연발화성 물질은 물 또는 공기와 접촉하면 폭발적으로 연소하여 가연성 가스를 발생한다.
③ 일부 품목은 물과 접촉에 의해 발화한다.
④ 가열, 강산화성 물질 또는 강산류와 접촉에 의해 위험성이 증가한다.</td></tr>
<tr><td>(3) 저장 및 취급 방법
① 저장용기는 공기와의 접촉을 방지하고 수분과의 접촉을 피한다.
② 칼륨, 나트륨 및 알칼리금속은 산소가 함유되지 않은 석유류에 저장한다.
③ 자연발화성 물질의 경우는 불티, 불꽃, 또는 고온체와 접근을 방지한다.
④ 황린은 주수소화가 가능하나 나머지는 물에 의한 냉각소화는 절대 불가능하다.</td></tr>
<tr><td>(4) 소화방법
① 건조사, 팽창질석 및 팽창진주암 등을 사용한 질식소화를 실시한다.
② 금속 화재용 분말 소화약제에 의한 질식소화를 실시한다.</td></tr>
</table>

V 제4류 위험물

<table>
<tr><th>유별</th><th>성질</th><th colspan="2">품명</th><th>위험등급</th><th>지정수량</th></tr>
<tr><td rowspan="10">제
4
류</td><td rowspan="10">인화성
액체</td><td colspan="2">특수 인화물류</td><td>I</td><td>50 L</td></tr>
<tr><td rowspan="2">제1석유류</td><td>비수용성</td><td rowspan="3">II</td><td>200 L</td></tr>
<tr><td>수용성</td><td>400 L</td></tr>
<tr><td colspan="2">알코올류</td><td>400 L</td></tr>
<tr><td rowspan="2">제2석유류</td><td>비수용성</td><td rowspan="6">III</td><td>1,000 L</td></tr>
<tr><td>수용성</td><td>2,000 L</td></tr>
<tr><td rowspan="2">제3석유류</td><td>비수용성</td><td>2,000 L</td></tr>
<tr><td>수용성</td><td>4,000 L</td></tr>
<tr><td colspan="2">제4석유류</td><td>6,000 L</td></tr>
<tr><td colspan="2">동·식물유류</td><td>1,0000 L</td></tr>
</table>

구분	공통 성질 및 저장, 취급 시 유의 사항
제4류 위험물	(1) 공통 성질 ① 상온에서 액체이며 대단히 인화하기 쉽다. ② 물보다 가볍고, 대부분 물에 잘 녹지 않는다. ③ 증기비중은 공기보다 무겁기 때문에 낮은 곳에 체류하여 연소, 폭발의 위험이 있다. (단, HCN은 제외) ④ 연소범위의 하한이 낮기 때문에 공기 중 소량 누설되어도 연소한다. ⑤ 착화 온도(착화점, 발화 온도, 발화점)가 낮은 것은 위험하다. ⑥ 증기와 공기가 약간 혼합되어 있어도 연소한다.
	(2) 위험성 ① 인화위험이 높아 화기의 접근을 피해야 한다. ② 증기는 공기와 약간만 혼합되어도 연소한다. ③ 연소범위의 하한이 낮다. (발화점이 낮다.) ④ 전기부도체이므로 정전기 발생에 주의한다.
	(3) 저장 및 취급 방법 ① 누출방지를 위하여 밀폐용기에 사용하여야 한다. ② 화기 및 점화원으로부터 멀리 저장할 것 ③ 증기 및 액체의 누설에 주의하여 저장할 것 (증기는 가급적 높은 곳으로 배출) ④ 정전기 발생에 주의하여 저장·취급할 것 ⑤ 인화점 이상을 가열하지 말 것
	(4) 소화방법 ① 이산화탄소, 할로겐화합물, 분말, 포 등으로 질식소화 한다. (수용성 위험물은 알코올형 포 소화약제를 사용한다.) ② 금속 화재용 분말 소화약제에 의한 질식소화를 실시한다.

VI 제5류 위험물

유별	성질	품명		위험등급	지정수량
제5류	자기반응성 물질	1. 유기과산화물, 질산에스테르류		Ⅰ	10 kg
		2. 니트로화합물 및 니트로소화합물, 아조화합물, 디아조화합물 및 히드라진 유도체		Ⅰ	200 kg
		3. 히드록실아민, 히드록실아민염류		Ⅱ	100 kg
		4. 그 밖의 행정안전부령이 정하는 것	금속의 아지화합물 질산구아니딘	Ⅲ	200 kg
		5. 제1호 내지 제4호의 1에 해당하는 어느 하나 이상을 함유한 것		Ⅰ Ⅱ Ⅲ	10 kg 100 kg 200 kg

구분	공통 성질 및 저장, 취급 시 유의 사항
제5류 위험물	(1) 공통 성질 ① 외부로부터 산소 공급 없이 가열, 충격 등에 의해 연소 폭발을 일으킬 수 있는 자기반응성 물질이다. ② 연소 시 연소 속도가 매우 빨라 폭발성이 강한 물질이다. ③ 가열, 충격, 마찰 등에 의하여 인화 폭발 위험이 있다. ④ 장시간 공기에 방치하면 산화 반응에 의해 열분해하여 자연 발화를 일으키는 경우도 있다. ⑤ 모두 가연성의 액체 또는 고체물질이고 연소할 때는 다량의 가스를 방출한다. ⑥ 시간의 경과에 따라 자연발화의 위험성이 있다. ⑦ 히드라진유도체를 제외하고는 유기화합물이다. ⑧ 유기과산화물을 제외하고는 질소를 함유한 유기질소화합물이다.
	(2) 위험성 ① 외부의 산소 공급 없어도 자기 연소하므로 연소속도가 빠르고 폭발적이다. ② 아조화합물, 디아조화합물, 히드라진유도체는 고농도인 경우 충격에 민감하며 연소 시 순간적인 폭발로 이어진다. ③ 니트로화합물은 화기, 가열, 충격, 마찰에 민감하여 폭발 위험이 있다. ④ 강산화제, 강산류와 혼합인 것은 발화를 촉진시키고 위험성도 증대한다.
	(3) 저장 및 취급 방법 ① 화염, 불꽃 등 점화원의 엄금, 가열, 충격, 마찰, 타격 등을 피한다. ② 강산화제, 강산류, 기타 물질이 혼입되지 않도록 한다. ③ 소분하여 저장하고 용기의 파손 및 위험물의 누출을 방지한다. ④ 통풍이 잘 되는 냉암소 등에 저장할 것 ⑤ 용기는 밀전 밀봉하고 운반 용기 및 포장 외부에는 '화기엄금', '충격주의' 등의 주의 사항을 게시할 것
	(4) 소화방법 대량의 주수 소화가 효과적이다.

VII 제6류 위험물

유별	성질	품명		위험등급	지정수량
제6류	산화성 액체	1. 과염소산, 과산화수소, 질산		I	300 kg
		2. 그 밖의 행정안전부령이 정하는 것	할로겐간 화합물 (BrF_3, IF_5 등)	I	300 kg
		3. 제1호 내지 제2호의 1에 해당하는 어느 하나 이상을 함유한 것		I	300 kg

구분	공통 성질 및 저장, 취급 시 유의 사항
제6류 위험물	(1) 공통 성질 ① 불연성 물질로서 강산화제이며, 다른 물질의 연소를 돕는 조연성 물질이다. ② 무색투명하며 비중은 1보다 크고, 표준상태에서는 모두가 액체이다. ③ 강산성의 액체이다. [과산화수소(H_2O_2)는 제외] ④ 물에 잘 녹고 물과 접촉하면 발열한다. ⑤ 가연물과 유기물 등과의 혼합으로 발화한다. ⑥ 증기는 유독하며 피부와 접촉시 점막을 부식시킨다. [과산화수소(H_2O_2)는 제외]
	(2) 위험성 ① 자신은 불연성 물질이지만 산화성이 커 다른 물질의 연소를 돕는다. ② 강산화제, 일반 가연물과 혼합한 것은 접촉발화하거나 가열 등에 의해 위험한 상태로 된다. ③ 과산화수소를 제외하고 물과 접촉하면 심하게 발열한다.
	(3) 저장 및 취급 방법 ① 염, 물, 직사광선 차단, 유기물, 가연물 및 산화제와의 접촉을 피해야 한다. ② 저장용기는 내산성 용기를 사용하며, 흡습성이 강하므로 용기는 밀전, 밀봉하여 액체에 누설되지 않도록 한다. ③ 증기는 유독하므로 취급 시에는 보호구를 착용한다.
	(4) 소화방법 ① 주수소화가 적합하나 다량의 물로 희석하여 사용한다. ② 건조사나 인산염류의 분말 등을 사용한다. ③ 과산화수소는 양의 대소에 관계없이 다량의 물로 희석한다.

VIII 위험물의 종류 및 화학식

제1류 위험물

품명	화학식의 종류
아염소산염류 (지정수량 50 kg)	① 아염소산칼륨 ($KClO_2$) ② 아염소산나트륨 ($NaClO_2$, 아염소산소다)
염소산염류 (지정수량 50 kg)	① 염소산칼륨($KClO_3$, 염소산칼리, 클로로산칼리) ② 염소산나트륨($NaClO_3$, 염소산소다, 클로로소다, 클로로산나트륨) ③ 염소산암모늄 (NH_4ClO_3) ④ 염소산칼슘 [$Ca(ClO_3)_2$] ⑤ 염소산은 ($AgClO_3$) ⑥ 염소산납 [$Pb(ClO_3)_2H_2O$] ⑦ 염소산아연 [$Zn(ClO_3)_2$] ⑧ 염소산바륨 [$Ba(ClO_3)_2$] ⑨ 염소산스트론튬[$Sr(ClO_3)_2$]

품명	화학식의 종류
과염소산염류 (지정수량 50 kg)	① 과염소산칼륨 ($KClO_4$, 과염소산칼리) ② 과염소산나트륨 ($NaClO_4$, 과염소산소다) ③ 과염소산암모늄 (NH_4ClO_4, 과염소산암몬) ④ 과염소산마그네슘 $[Mg(ClO_4)_2]$
무기과산화물 (지정수량 50 kg)	① 과산화칼륨(K_2O_2, 과산화칼리, 이산화칼리) ② 과산화나트륨 (Na_2O_2, 과산화소다) ③ 과산화리튬 (Li_2O_2) ④ 과산화세슘 (Cs_2O_2) ⑤ 과산화마그네슘 (MgO_2) ⑥ 과산화칼슘 (CaO_2) ⑦ 과산화바륨 (BaO_2)
브롬산염류 (지정수량 300 kg)	① 브롬산칼륨($KBrO_3$) ② 브롬산나트륨($NaBrO_3$) ③ 브롬산아연$[Zn(BrO_3)_2 \cdot 6H_2O]$ ④ 브롬산바륨$[Ba(BrO_3)_2 \cdot H_2O]$ ⑤ 브롬산마그네슘$[Mg(BrO_3) \cdot H_2O]$ ⑥ 브롬산암모늄(NH_4BrO_3) ⑦ 브롬산납$[Pb(BrO_3)_2 \cdot H_2O]$ ⑧ 브롬산은($AgBrO_3$)
질산염류 (지정수량 300 kg)	① 질산칼륨 (KNO_3, 질산칼리, 초석) ② 질산나트륨 ($NaNO_3$, 칠레초석, 질산소다) ③ 질산암모늄 (NH_4NO_3, 초안·질안, 질산암몬) ④ 질산리튬 ($LiNO_3$) ⑤ 질산마그네슘$[Mg(NO_3)_2 \cdot 6H_2O]$
요오드산염류 (지정수량 300 kg)	① 옥소산칼륨 (KIO_3) ② 옥소산나트륨 ($NaIO_3$) ③ 옥소산암모늄 (NH_4IO_3) ④ 옥소산아연 $[Zn(IO_3)_2]$ ⑤ 옥소산은 ($AgIO_3$) ⑥ 옥소산바륨 $[Ba(IO_3)_2]$ ⑦ 옥소산마그네슘$[Mg(IO_3)_2]$ ⑧ 옥소산칼슘$[Ca(IO_3)_2]$
과망간산염류 (지정수량 1,000 kg)	① 과망간산칼륨($KMnO_4$, 카멜레온, 과망간산칼리) ② 과망간산나트륨($NaMnO_4 \cdot 3H_2O$, 과망간산소다)
중크롬산염류 (지정수량 1,000 kg)	① 중크롬산칼륨($K_2Cr_2O_7$) ② 중크롬산나트륨($Na_2Cr_2O_7$) ③ 중크롬산암모늄$[(NH_4)_2Cr_2O_7]$ ④ 중크롬산아연($ZnCr_2O_7 \cdot 3H_2O$) ⑤ 중크롬산칼슘($CaCr_2O_7$) ⑥ 중크롬산납($PbCr_2O_7$) ⑦ 중크롬산제이철$[Fe_2(Cr_2O_7)_3]$
과요오드산염류	① 과요오드산칼륨(KIO_4) ② 과요오드산나트륨($NaIO_4$)
과요오드산	* 과요오드산(HIO_4)
크롬, 납 요오드의 산화물	① 무수크롬산 (CrO_3, 삼산화크롬) ② 이산화납 (PbO_2) ③ 사산화삼납 (Pb_3O_4)
아질산염류	① 아질산칼륨(KNO_2) ② 아질산나트륨($NaNO_2$) ③ 아질산암모늄(NH_4NO_2) ④ 아질산은($AgNO_2$)
퍼옥소이황산염류	① 과산화이황산칼륨($K_2S_2O_8$) ② 과산화이황산나트륨($Na_2S_2O_8$) ③ 과산화이황산암모늄$[(NH_4)_2S_2O_8]$
염소화이소시아눌산	* 염소화이소시아눌산(OCNClONClCONCl)

제2류 위험물

품명	화학식의 종류	
황화린 (지정수량 100 kg)	① 삼황화인 (P_4S_3) ② 오황화인 [P_2S_5(P_4S_{10})] ③ 칠황화인 (P_4S_7)	
적린 (지정수량 100 kg)	적린(P, 붉은인)	• $6P + 5KClO_3 \rightarrow 5KCl + 3P_2O_5\uparrow$ • $P_4 + 5O_2 \rightarrow 2P_2O_5\uparrow$
유황 (지정수량 100 kg)	유황(S)	• $H_2 + S \rightarrow H_2S\uparrow$ + 발열 • $Fe + S \rightarrow FeS$ + 발열 • $Cl_2 + S \rightarrow S_2Cl_2$ + 발열 • $C + 2S \rightarrow CS_2$ + 발열
철분 (지정수량 500 kg)	철분(Fe)	• $Fe + 2HCl \rightarrow FeCl_2 + H_2$ • $2Fe + 3Br_2 \rightarrow 2FeBr_3 + Q$ (kcal)
금속분 (지정수량 500 kg)	① 알루미늄분(Al) ② 아연분(Zn) ③ 티탄(티타늄)분(Ti)	
마그네슘분 (지정수량 500 kg)	마그네슘분(Mg)	• $2Mg + O_2 \rightarrow 2MgO + 2 \times 143.7$ kcal • $2Mg + CO_2 \rightarrow 2MgO + C$ $Mg + CO_2 \rightarrow MgO + CO\uparrow$ (CO_2 질식성 가스와 연소 시에는 유독성인 CO 가스를 발생한다.)
인화성 고체 (지정수량 1,000 kg)	① 고형알코올 ② 메타알데히드 [$(CH_3CHO)_4$] ③ 제삼부틸알코올 [$(CH_3)_3COH$] ④ 락카퍼티 ⑤ 고무풀	

제3류 위험물

품명	화학식의 종류	
칼륨 (지정수량 10 kg)	금속칼륨(K)	• $2K + 2H_2O \rightarrow 2KOH + H_2\uparrow \times 92.8$ kcal • $2K + 2C_2H_5OH \rightarrow 2C_2H_5OK + H_2\uparrow$
나트륨 (지정수량 50 kg)	금속나트륨(Na)	• $2Na + 2H_2O \rightarrow 2NaOH + H_2\uparrow \times 88.2$ kcal • $2Na + 2C_2H_5OH \rightarrow 2C_2H_5ONa + H_2\uparrow$
알킬알루미늄 (지정수량 10 kg)	① 트리메틸알루미늄 [TMAL, $(CH_3)_3Al$] ② 트리에틸알루미늄 [TEAL, $(C_2H_5)_3Al$] ③ 트리프로필알루미늄[TNPA, $(C_3H_7)_3Al$] ④ 트리이소부틸알루미늄[TIBAL, iso-$(C_4H_9)_3Al$] ⑤ 에틸알루미늄디클로로라이드(EDAC, $C_2H_5AlCl_2$) ⑥ 디에틸알루미늄하이드라이드[DEAH, $(C_2H_5)_2AlH$] ⑦ 디에틸알루미늄클로라이드[DEAC, $(C_2H_5)_2AlCl$]	
알킬리튬 (지정수량 10 kg)	알킬기(C_nH_{2n+2}) + 리튬(Li)의 유기금속화합물(R-Li) ① 메틸리튬(CH_3Li) ② 에틸리튬(C_2H_5Li) ③ 부틸리튬(C_4H_9Li)	
황린 (지정수량 20 kg)	황린(P_4, 백린)	• $2P_2O_5 + 6H_2O \rightarrow 4H_3PO_4$ • $P_4 + 3KOH + H_2O \rightarrow PH_3\uparrow + 3KH_2PO_2\uparrow$

품명	화학식의 종류
알칼리금속 (지정수량 50 kg)	① 리튬(Li) ② 루비늄(Rb) ③ 세슘(Cs) ④ 프란슘(Fr) (단, 칼륨, 나트륨 제외)
알칼리토금속 (지정수량 50 kg)	① 베릴륨 (Be) ② 칼슘 (Ca) ③ 스트론튬 (Sr) ④ 바륨 (Ba) ⑤ 라듐 (Ra) (단, 알킬알루미늄 및 알킬리튬 제외)
유기금속화합물 (지정수량 50 kg)	① 디에틸텔르륨 $[Te(C_2H_5)_2]$ ② 디메틸텔르륨 $[Te(CH_3)_2]$ ③ 디에틸아연 $[Zn(C_2H_5)_2]$ ④ 디메틸아연 $[Zn(CH_3)_2]$ ⑤ 사에틸연 $[(C_2H_5)_4Pb]$ ⑥ 디메틸카드뮴 $[(CH_3)_2Cd]$ ⑦ 디에틸카드뮴 $[(C_2H_5)_2Cd]$ ⑧ 트리메틸칼륨 $[(CH_3)_3K]$ ⑨ 트리에틸갈륨 $[(C_2H_5)_3Ga]$ ⑩ 트리메틸인듐 $[(CH_3)_3In]$ ⑪ 트리에틸인듐 $[(C_2H_5)_3In]$ ⑫ 디메틸주석 $[(CH_3)_4Sn]$
금속의 수소화물 (지정수량 300 kg)	① 수소화리튬(LiH) ② 수소화나트륨(NaH) ③ 수소화칼슘(CaH_2) ④ 수소화알루미늄리튬[$Li(AlH)_4$]
금속의 인화합물 (지정수량 300 kg)	① 인화칼슘 (Ca_3P_2, 인화석회) • $Ca_3P_2 + 6H_2O \rightarrow 3Ca(OH)_2 + 2PH_3\uparrow$ • $Ca_3P_2 + 6HCl \rightarrow 3CaCl_2 + 2PH_3\uparrow$ ② 인화알루미늄(AlP) ③ 인화아연(ZnP_2)
칼슘 또는 알루미늄의 탄화물 (지정수량 300 kg)	① 탄화칼슘(CaC_2, 카바이드, 탄화석회, 칼슘아세틸레이드) ② 탄화알루미늄(Al_4C_3)
기타 금속탄화물 (지정수량 300 kg)	① Li_2C_2, Na_2C_2, K_2C_2, MgC_2, CaC_2 (물과 반응 시 아세틸렌가스 발생) ② Be_2C, AlC_3 (물과 반응 시 메탄가스 발생) ③ Mn_3C (물과 반응 시 메탄과 수소가스 발생)
염소화규소화합물 (지정수량 300 kg)	① 트리클로로실란 ② 클로로실란(SiH_4Cl)

제4류 위험물

품명	화학식의 종류
특수 인화물류 (지정수량 50L)	① 디에틸에테르($C_2H_5OC_2H_5$, 산화에틸, 에테르, 에틸에테르) ② 이황화탄소(CS_2) ③ 아세트알데히드(CH_3CHO, 알데히드, 초산알데히드) ④ 산화프로필렌(CH_3CHCH_2, 프로필렌옥사이드) ⑤ 이소프로필아민[$(CH_3)_2CHNH_2$] ⑥ 펜타보란(B_5H_9) ⑦ 이소프렌 [$CH_2=C(CH_3)CH=CH_2$] ⑧ 황화디메틸 [$(CH_3)_2S$, 디메틸설파이드, DMS] ⑨ 이소펜탄 : 인화점 −51℃ ⑩ 비닐에테르[$(CH_2=CH)_2O$]

품명	화학식의 종류
제1석유류	① 아세톤(CH_3COCH_3, 디메틸케톤, 2-프로파논, 수) ② 휘발유(C_5H_{12}~C_9H_{20}, 가솔린, 비) ③ 벤젠(C_6H_6, ⬡ 벤졸, 페닐하이드로라이드, 비) ④ 톨루엔($C_6H_5CH_3$, 톨루올, 비) ⑤ 메틸에틸케톤(MEK, $CH_3COC_2H_5$, 비) ⑥ 콜로디온 ⑦ 피리딘(C_5H_5N, 아딘, 수) ⑧ 노르말-헥산($CH_3(CH_2)_4CH_3$, 비) ⑨ 시안화수소(HCN, 수) ⑩ 아세토니트릴(CH_3CN, 수) ⑪ 아크릴로니트릴($CH_2=CHCN$, 비) ⑫ 초산메틸(CH_3COOCH_3, 비) ⑬ 초산에틸($CH_3COOC_2H_5$, 비) ⑭ 정초산프로필($CH_3COOC_3H_7$, 비) ⑮ 시클로헥산(C_6H_{12}) ⑯ 의산메틸($HCOOCH_3$, 비) ⑰ 의산에틸($HCOOC_2H_5$, 비)
알코올류 (수용성 액체)	① 메틸알코올(CH_3OH, 메탄올, 목정) ② 에틸알코올(C_2H_5OH, 에탄올, 주정) ③ 프로필알코올[$CH_3(CH_2)_2OH$] ④ 이소프로필알코올[$(CH_3)_2CHOH$] ⑤ 변성알코올
제2석유류	① 등유(케로신 / 비) ② 경유(디젤류 / 비) ③ 의산(HCOOH, 개미산, 포름산 / 수) ④ 초산(CH_3COOH, 아세트산, 빙초산 / 수) ⑤ 아크릴산($CH_2=CHCOOH$) ⑥ 크실렌[($C_6H_4(CH_3)_2$, 비] ⑦ 테레핀유(송정유, 탄펜유 / 비) ⑧ 스타이렌($C_6H_5CH=CH_2$, 비닐벤젠 / 비) ⑨ 부틸알코올(C_4H_9OH) ⑩ 클로로벤젠(C_6H_5Cl, 염화페닐 / 비) ⑪ 송근유(비), 장뇌유($C_{10}H_{16}O$ / 비) ⑫ 메틸셀르솔브($CH_3OCH_2CH_2OH$ / 수) ⑬ 에틸셀르솔브($C_2H_5OCH_2CH_2OH$ / 수) ⑭ 아밀알코올($C_5H_{11}OH$, 펜탄올) ⑮ 히드라진(N_2H_4)
제3석유류	① 중유(직류중유, 분해중유 / 비) ② 크레오소트유(타르유, 액체피치유, 콜타르크레오소트유 / 비) ③ 에틸렌글리콜[$C_2H_4(OH)_2$, 글리콜, 1,2-에탄디올 / 수] ④ 글리세린[$C_3H_5(OH)_3$, 감유, 글리세롤, 글리실알코올, 리스린 / 수] ⑤ 아닐린($C_6H_5NH_2$, 페닐아민, 아미노벤젠, 아닐린오일 / 비) ⑥ 니트로벤젠($C_6H_5NO_2$, 니트로벤졸 / 비) ⑦ 니트로톨루엔[$NO_2(C_6H_4)CH_3$ / 비] ⑧ 염화벤조일[$(C_6H_5)COCl$] ⑨ 메타크레졸($C_6H_4CH_3OH$) ⑩ 담금질유(냉각용 기름) ⑪ 페닐히드라진($C_6H_5NHNH_2$) ⑫ 에탄올아민($NH_2CH_2CH_2OH$ / 수)

품명	화학식의 종류
제4석유류	① 기어유 (gear oil) ② 실린더유 ③ 윤활유 ④ 가소제유 ⑤ 전기 절연유 ⑥ 절삭유 ⑦ 방청유 ⑧ 담금질유 (인화점 200℃ 이상 250℃ 미만)
동·식물유류	* 화학식 없음 ① 건성유(해바라기유, 동유, 아마인유, 정어리기름, 들기름) [요오드값 130 이상] ② 반건성유(채종유, 목화씨기름, 참기름, 콩기름) [요오드값 100~130] ③ 불건성유(야자유, 올리브유, 피마자유, 동백유) [요오드값 100 이하]

※ 비고 : 비 - 비수용성 액체 // 수 - 수용성 액체

제5류 위험물

품명	화학식의 종류
유기과산화물 (지정수량 10 kg)	① 과산화벤조일[$(C_6H_5CO)_2O_2$, 벤조일퍼옥사이드, 과벤] ② 과산화메틸에틸케톤 [$(CH_3COC_2H_5)_2O_2$, MEKPO, 메틸에틸케톤퍼옥사이드] ③ 과산화초산(CH_3COOOH) ④ 아세틸퍼옥사이드[$(CH_3CO)_2O_2$] ⑤ 호박산퍼옥사이드[$(CH_2COOH)_2O_2$]
질산에스테르류 (R-ONO_2) (지정수량 10 kg)	① 질산메틸(CH_3ONO_2) ② 질산에틸($C_2H_5ONO_2$) ③ 니트로셀룰로오스 [$C_{24}H_{29}O_9(ONO_2)_{11} = [C_6H_7O_2(ONO_2)_3]_n$, NC, 질화면, 질산섬유소] ④ 셀룰로이드 ⑤ 니트로글리세린[$C_3H_5(ONO_2)_3$] ⑥ 니트로글리콜[$C_2H_4(ONO_2)_2$] ⑦ 펜트리트[$C(CH_2NO_3)_4$, 페틴]
니트로화합물 (R-NO_2) (지정수량 200 kg)	① 트리니트로톨루엔[TNT, $C_6H_2CH_3(NO_2)_3$] ② 트리니트로페놀[TNP, 피크린산, $C_6H_2(NO_2)_3OH$] ③ 테트릴[$C_6H_2(NO_2)_4NCH_3$] ④ 헥소겐[$(CH_2NNO_2)_3$] ⑤ 디니트로벤젠 [DBN, $C_6H_4(NO_2)_2$] ⑥ 디니트로톨루엔 [DNT, $C_6H_3CH_3(NO_2)_2$] ⑦ 디니트로페놀[$C_6H_3OH(NO_2)_2$]
니트로소화합물 (R-NO) (지정수량 200 kg)	① 파라 디니트로소 벤젠 [$C_6H_4(NO)_2$] ② 디니트로소 레조르신 [$C_6H_2(OH)_2(NO)_2$] ③ 디니트로소 펜타메틸렌테드라민[DPT, $C_5H_{10}N_4(NO)_2$]
아조화합물 (-N=N-) (지정수량 200 kg)	① 아조디카본 아미드[DCA, $H_2N\text{-}C\text{-}N=N\text{-}C\text{-}NH_2=(NH_2CON)_2$] ② 아조비스 이소부티로 니트릴 [AIBN, $CH_3\text{-}C\text{-}N=N\text{-}C\text{-}CH_3=CNC(CH_3)_2N_2$] ③ 아조벤젠[$C_6H_5N=NC_6H_5$]

<table>
<tr><th>품명</th><th colspan="2">화학식의 종류</th></tr>
<tr><td>디아조화합물
(지정수량 200 kg)</td><td colspan="2">① 디아조디니트로페놀 [DDNP, $C_6H_2ON_2(NO_2)_2$]
② 디아조아세토니트릴 (C_2HN_3)
③ 디아조카르복실산에스테르 ($N_2CH_2COO\sim$)
④ 디아조메탄 (CH_2N_2)</td></tr>
<tr><td>히드라진유도체
(지정수량 200 kg)</td><td colspan="2">① 염산히드라진($N_2N_4 \cdot HCl$)
② 황산히드라진($N_2N_4 \cdot H_2SO_4$)
③ 메틸히드라진(CH_3NHNH_2)
④ 디메틸히드라진[$(CH_3)_2NNH_2$]
⑤ 히드라진에탄올 ($HOCH_2CH_2NHNH_2$)
⑥ 히드라조벤젠 ($C_6H_5NHHNC_6H_5$)</td></tr>
<tr><td>히드록실아민
(지정수량 100 kg)</td><td colspan="2">* 히드록실아민(NH_2OH)</td></tr>
<tr><td>히드록실아민염류
(지정수량 100 kg)</td><td colspan="2">① 황산히드록실아민 [$(NH_2OH)_2 \cdot H_2SO_4$]
② 염산히드록실아민 ($NH_2OH \cdot HCl$)
③ 질산히드록실아민($NH_2OH \cdot HNO_3$)</td></tr>
<tr><td>금속의 아지화합물
(지정수량 200 kg)</td><td>① 아지드화나트륨 (NaN_3)
② 아지드화납 [$Pb(N_3)_2$]
③ 아지드화은(AgN_3)</td><td rowspan="2">그 밖에 행정안전부령이 정하는 것</td></tr>
<tr><td colspan="2">* 질산구아디닌($CH_5N_3HNO_3$) (지정수량 200 kg)</td></tr>
</table>

제6류 위험물

<table>
<tr><th>품명</th><th colspan="2">화학식의 종류</th></tr>
<tr><td>과염소산
(지정수량 300 kg)</td><td colspan="2">* 과염소산($HClO_4$)</td></tr>
<tr><td>과산화수소
(지정수량 300 kg)</td><td colspan="2">* 과산화수소(H_2O_2)</td></tr>
<tr><td>질산
(지정수량 300 kg)</td><td colspan="2">* 질산(HNO_3)</td></tr>
<tr><td>할로겐간화합물
(지정수량 300 kg)</td><td>① 삼불화브롬(BrF_3)
② 오불화브롬(BrF_5)
③ 오불화요오드(IF_5)</td><td>그 밖에 행정안전부령이 정하는 것</td></tr>
</table>

위험물 관련법 참고사항

- 위험물안전관리법 시행령 [별표 1] <개정 2017.7.26.> 위험물 및 지정수량 (제2조 및 제3조 관련)
- 위험물안전관리법 시행규칙 [별표 19] <개정 2017.7.26.> 위험물의 운반에 관한 기준 (제50조 관련)

IX 각 위험물의 종류와 물성 (1)

<table>
<tr><th colspan="2">품명</th><th colspan="7">물성 및 성질</th></tr>
<tr><td rowspan="6">제1석유류</td><td rowspan="3">아세톤
(디메틸케톤)</td><td>화학식</td><td>분자량</td><td>비중</td><td>인화점</td><td>착화점</td><td>비점</td><td>연소범위</td></tr>
<tr><td>CH_3COCH_3</td><td>58</td><td>0.79</td><td>－18℃</td><td>538℃</td><td>56.3℃</td><td>2.5～12.8%</td></tr>
<tr><td colspan="7">• 무색투명한 자극성 휘발성 액체
• 물에 녹는다(수용성), 피부 탈지작용, 요오드포름 반응(아세톤 검출방법)
• 갈색병 저장(과산화물 생성 방지), 질식소화, 알코올용포 사용</td></tr>
<tr><td rowspan="3">메틸에틸케톤
(MEK)</td><td>화학식</td><td>분자량</td><td>비중</td><td>인화점</td><td>착화점</td><td>융점</td><td>연소범위</td></tr>
<tr><td>$CH_3COC_2H_5$</td><td>72</td><td>0.81</td><td>－1℃</td><td>516℃</td><td>－86.4℃</td><td>1.4～11.4%</td></tr>
<tr><td colspan="7">• 휘발성이 강한 무색의 액체
• 물, 알코올, 에테르, 벤젠 등 유기용제에 잘 녹고, 수지, 유지를 잘 녹인다.
• 피부 탈지작용, 알코올포 질식소화(물주수 가능), 용해도 26.8</td></tr>
<tr><td rowspan="3">제2석유류</td><td rowspan="3">의산
(개미산,
포름산)</td><td>화학식</td><td>분자량</td><td>비중</td><td>인화점</td><td>착화점</td><td>증기비중</td><td>연소범위</td></tr>
<tr><td>HCOOH</td><td>46</td><td>1.22</td><td>69℃</td><td>601℃</td><td>1.59</td><td>-</td></tr>
<tr><td colspan="7">• 물에 잘 녹고 물보다 무겁다. (수용성)
• 초산보다 산성이 강하며 신맛이 있다. (소화방법 : 알코올포, 분이할)
• 피부 수포상의 화상, 내산성 용기(저장용기), 푸른 불꽃(연소), 위험등급 Ⅲ</td></tr>
<tr><td rowspan="6">제1석유류</td><td rowspan="3">의산메틸
(개미산메틸)</td><td>화학식</td><td>분자량</td><td>비중</td><td>인화점</td><td>착화점</td><td>비점</td><td>연소범위</td></tr>
<tr><td>$HCOOCH_3$</td><td>60</td><td>0.98</td><td>－19℃</td><td>449℃</td><td>32℃</td><td>5～20%</td></tr>
<tr><td colspan="7">• 럼주와 같은 향기를 가진 무색투명한 액체
• 증기는 마취성이 있으나 독성은 없다.
• 에테르, 벤젠, 에스테르에 잘 녹으며 물에는 잘 녹는다. (용해도 : 23.3)
• 의산과 메틸알코올 축합물(가수분해)</td></tr>
<tr><td rowspan="3">의산에틸
(개미산에틸)</td><td>화학식</td><td>분자량</td><td>비중</td><td>인화점</td><td>착화점</td><td>비점</td><td>연소범위</td></tr>
<tr><td>$HCOOC_2H_5$</td><td>74</td><td>0.9</td><td>－20℃</td><td>578℃</td><td>54℃</td><td>2.7～13.5%</td></tr>
<tr><td colspan="7">• 복숭아향이 나는 무색투명한 액체
• 에테르, 벤젠, 에스테르에 잘 녹으며 물에는 일부 녹는다. (용해도 : 13.6)
• 의산과 에틸알코올 축합물(가수분해)</td></tr>
<tr><td rowspan="6">알코올류</td><td rowspan="3">메틸알코올
(목정)</td><td>화학식</td><td>분자량</td><td>비중</td><td>인화점</td><td>착화점</td><td>비점</td><td>연소범위</td></tr>
<tr><td>CH_3OH</td><td>32</td><td>0.791</td><td>11℃</td><td>464℃</td><td>65℃</td><td>7.3～36%</td></tr>
<tr><td colspan="7">• 무색투명한 휘발성이 강한 액체 (수용성)
• 알코올류 중에서 수용성이 가장 크다. 화재 시 알코올포 사용
• 메틸알코올은 독성이 있으나 에틸알코올은 독성이 없다.
• 산화하면 메틸알코올 → 포름알데이드(HCHO) → 포름산(개미산, HCOOH)</td></tr>
<tr><td rowspan="3">에틸알코올
(주정)</td><td>화학식</td><td>분자량</td><td>비중</td><td>인화점</td><td>착화점</td><td>비점</td><td>연소범위</td></tr>
<tr><td>C_2H_5OH</td><td>46</td><td>0.789</td><td>13℃</td><td>423℃</td><td>78.3℃</td><td>4.3～19%</td></tr>
<tr><td colspan="7">• 무색투명한 휘발성이 강한 액체 (수용성)
• 에탄올은 벤젠보다 탄소(C)의 함량이 적기 때문에 그을음이 적게 나타난다.
• 산화하면 에틸알코올 → 아세트알데이드(CH_3CHO) → 초산(아세트산)</td></tr>
</table>

X 각 위험물의 종류와 물성 (2)

품명		물성 및 성질						
제1석유류	벤젠 (⬡ 벤졸)	화학식	분자량	비중	인화점	착화점	비점	연소범위
		C_6H_6	78	0.9	−11℃	562℃	80℃	1.4∼7.1%
		• 무색투명한 방향성을 갖는 액체 (증기는 독성이 있다.) • 물에는 녹지 않고 알코올, 아세톤, 에테르에는 녹는다. (융점 5.5℃) • 정전기의 화재발생 위험(비전도성), 분이할포 효과						
	톨루엔 (메틸벤젠)	화학식	분자량	비중	인화점	착화점	비점	연소범위
		$C_6H_5CH_3$	92	0.871	4℃	552℃	111℃	1.4∼16.7%
		• 무색투명한 독성이 있는 액체 • 증기는 마취성이 있고 인화점이 낮다. (벤젠보다 독성은 약하다.) • 물에는 녹지 않고 아세톤, 알코올 등 유기용제에는 잘 녹는다. • T.N.T의 원료로 사용하고, 산화하면 안식향산(벤조산)이 된다. • 벤젠(C_6H_6)은 겨울철에는 응고되나 톨루엔($C_6H_5CH_3$)은 응고되지 않는다.						
제2석유류	크실렌	• 무색투명한 액체(톨루엔과 비슷함) • 물에 녹지 않고, 알코올, 에테르, 벤젠 등 유기용제에 잘 녹는다. • BTX(벤젠, 톨루엔, 크실렌) 중에서 독성이 가장 약하다.						
	크실렌 이성질체	화학식	분자량	비중	인화점	착화점		연소범위
	구분 o-크실렌	$C_6H_4(CH_3)_2$	106	0.88	32℃	464℃		-
	구분 m-크실렌			0.86	25℃	528℃		-
	구분 p-크실렌			0.86	25℃	529℃		-
제2석유류	클로로벤젠	화학식	분자량	비중	인화점	착화점	비점	연소범위
		C_6H_5Cl	112	1.11	32℃	638℃	132℃	-
		• 석유와 비슷한 냄새가 나는 무색 액체 (마취성 조금 있음) • 물에 녹지 않고, 알코올, 에테르 등 유기용제에는 잘 녹는다. • 염화수소가스 발생(연소), p-클로로술폰산 생성 (고온에서 진한 황산과 반응)						
제3석유류	니트로벤젠	화학식	분자량	비중	인화점	착화점	비점	연소범위
		$C_6H_5NO_2$	123	1.2	88℃	482℃	210.8℃	-
		• 암갈색 또는 갈색의 특이한 냄새가 나는 액체 • 물에는 녹지 않으며, 알코올, 벤젠, 에테르는 잘 녹는다. • 니트로화제 : 황산과 질산						
	니트로톨루엔	화학식	분자량	비중	인화점	착화점	비점	연소범위
		$(C_6H_4)CH_3$ NO_2	137	-	-	-	-	-
	아닐린	화학식	분자량	비중	인화점	착화점	비점	융점
		$C_6H_5NH_2$	94	1.02	75℃	538℃	185℃	−6℃
		• 황색 또는 담황색 기름성의 액체 • 물에는 약간 녹고, 알코올, 아세톤, 벤젠에는 잘 녹는다. (용해도 : 3.5) • 수소가스 발생(알칼리금속과 반응), 물보다 무겁고 독성이 강하다.						

XI 각 위험물의 종류와 물성 (3)

<table>
<tr><th colspan="2">품명</th><th colspan="7">물성 및 성질</th></tr>
<tr><td rowspan="3">제3석유류</td><td rowspan="3">염화벤조일</td><td>화학식</td><td>분자량</td><td>비중</td><td>인화점</td><td>착화점</td><td>비점</td><td>융점</td></tr>
<tr><td>$(C_6H_5)COCl$</td><td>140.5</td><td>1.09</td><td>72℃</td><td>197℃</td><td>74℃</td><td>−1℃</td></tr>
<tr><td colspan="7">• 자극성의 냄새가 나는 무색의 액체
• 물에는 분해되고 에테르에는 녹는다.
• 산화성 물질과의 혼합 시 폭발할 우려가 있다.</td></tr>
<tr><td rowspan="3">제2석유류</td><td rowspan="3">스타이렌</td><td>화학식</td><td>분자량</td><td>비중</td><td>인화점</td><td>착화점</td><td>비점</td><td>연소범위</td></tr>
<tr><td>$C_6H_5CH=CH_2$</td><td>102</td><td>0.81</td><td>32℃</td><td>490℃</td><td>146℃</td><td>-</td></tr>
<tr><td colspan="7">• 독특한 냄새가 나는 무색 액체
• 물에 녹지 않고, 알코올, 에테르, 이황화탄소에는 잘 녹는다.
• 빛, 가열, 과산화물과 중합반응하여 무색의 고상물이 된다.</td></tr>
<tr><td rowspan="3">유기과산화물</td><td rowspan="3">과산화벤조일
(벤조일퍼옥사이드, BPO)
[제5류 위험물]</td><td>화학식</td><td>분자량</td><td>비중</td><td>인화점</td><td>착화점</td><td colspan="2">융점</td></tr>
<tr><td>$(C_6H_5CO)_2O_2$</td><td>242</td><td>1.33</td><td>-</td><td>125℃</td><td colspan="2">103~105℃</td></tr>
<tr><td colspan="7">• 무색무취의 백색결정으로 강산화성 물질
• 물에는 녹지 않고, 알코올에는 약간 용해한다.
• 프탈산디메틸(DMP), 프탈산디부틸(DBP)의 희석제를 사용한다.
• 발화되면 연소속도가 빠르고 건조상태에서는 위험하다.
• 마찰, 충격으로 폭발의 위험이 있다.
• 가열하면 100℃에서 흰 연기를 내며 분해되기 시작한다.
• 소화방법 : 소량일 때는 탄산가스, 분말, 건조사로 대량일 때 물이 효과적임.</td></tr>
<tr><td rowspan="3">제3석유류</td><td rowspan="3">메타크레졸</td><td>화학식</td><td>분자량</td><td>비중</td><td>인화점</td><td>착화점</td><td>비점</td><td>융점</td></tr>
<tr><td>$C_6H_4CH_3OH$</td><td>108</td><td>1.03</td><td>86℃</td><td>-</td><td>202℃</td><td>4℃</td></tr>
<tr><td colspan="7">• 무색 또는 황색의 페놀 냄새가 나는 액체
• 물에 녹지 않고, 알코올, 에테르, 클로로포름에는 녹는다.
• 크레졸은 o-Cresol, m-resol, p-resol의 3가지 이성질체가 있다.</td></tr>
<tr><td rowspan="3">제3석유류</td><td rowspan="3">페닐히드라진</td><td>화학식</td><td>분자량</td><td>비중</td><td>인화점</td><td>착화점</td><td>비점</td><td>융점</td></tr>
<tr><td>$C_6H_5NHNH_2$</td><td>108</td><td>1.09</td><td>88℃</td><td>174℃</td><td>53℃</td><td>18℃</td></tr>
<tr><td colspan="7">• 무색의 결정 또는 액체로서 독특한 냄새가 난다.
• 물에는 녹지 않고, 알코올, 에테르, 벤젠, 아세톤, 클로로포름에는 녹는다.
• 알데히드, 케톤, 당류의 분리, 확인을 위한 시약으로 사용되는 물질이다.</td></tr>
<tr><td rowspan="3">제1석유류</td><td rowspan="3">피리딘
(아딘)</td><td>화학식</td><td>분자량</td><td>비중</td><td>인화점</td><td>착화점</td><td>비점</td><td>연소범위</td></tr>
<tr><td>C_5H_5N</td><td>79</td><td>0.98</td><td>20℃</td><td>482℃</td><td>115.5℃</td><td>1.8~12.4%</td></tr>
<tr><td colspan="7">• 순수한 것은 무색의 액체로 강한 악취와 독성이 있다.
• 산, 알칼리에 안정하고, 물, 알코올, 에테르에 잘 녹는다. (수용성)
• 약 알칼리성을 나타내며 수용액 상태에서도 인화의 위험이 있다.
• 공기 중에서 최대 허용농도 : 5 ppm, 질산과 가열 시 분해 안 됨.</td></tr>
</table>

XII 각 위험물의 종류와 물성 (4)

<table>
<tr><th colspan="2">품명</th><th colspan="7">물성 및 성질</th></tr>
<tr><td rowspan="6">제3석유류</td><td rowspan="3">에틸렌클리콜</td><td>화학식</td><td>분자량</td><td>비중</td><td>인화점</td><td>착화점</td><td>비점</td><td>연소범위</td></tr>
<tr><td>$C_2H_4(OH)_2$</td><td>62</td><td>1.113</td><td>111℃</td><td>413℃</td><td>198℃</td><td>-</td></tr>
<tr><td colspan="7">• 무색의 끈기 있는 흡습성의 액체
• 사염화탄소, 에테르, 벤젠, 이황화탄소, 클로로포름에 녹지 않고, 물, 알코올, 글리세린, 아세톤, 초산, 피리딘에는 잘 녹는다. (수용성)
• 2가 알코올로서 독성이 있으며 단맛이 있다.</td></tr>
<tr><td rowspan="3">글리세린
(감유,
글리세롤)</td><td>화학식</td><td>분자량</td><td>비중</td><td>인화점</td><td>착화점</td><td>비점</td><td>연소범위</td></tr>
<tr><td>$C_3H_5(OH)_3$</td><td>92</td><td>1.26</td><td>160℃</td><td>393℃</td><td>290℃</td><td>-</td></tr>
<tr><td colspan="7">• 무색무취의 점성 액체로서 흡수성이 있다.
• 물, 알코올에는 잘 녹지만(수용성) 벤젠, 에테르, 클로로포름에는 잘 녹지 않는다.
• 3가 알코올로서 독성이 없으며 단맛이 있다.
• 윤활제, 화장품, 폭약의 원료로 사용한다.
• 소화방법으로는 알코올포, 분말, 이산화탄소, 사염화탄소가 효과적이다.</td></tr>
<tr><td rowspan="12">질산에스테르류</td><td rowspan="3">니트로
글리세린
(NG)
[제5류
위험물]</td><td>화학식</td><td>분자량</td><td>비중</td><td>인화점</td><td>착화점</td><td>비점</td><td>융점</td></tr>
<tr><td>$C_3H_5(ONO_2)_3$</td><td>127</td><td>-</td><td>-</td><td>210℃</td><td>160℃</td><td>14℃</td></tr>
<tr><td colspan="7">• 무색투명한 기름성의 액체 (공업용 : 담황색) (혀를 찌르는 단맛이 있다.)
• 알코올, 에테르, 벤젠, 아세톤 등 유기용제에는 녹는다.
• 상온에서 액체이고 겨울에는 동결한다.</td></tr>
<tr><td rowspan="3">니트로
글리콜
[제5류
위험물]</td><td>화학식</td><td>분자량</td><td>비중</td><td>인화점</td><td>착화점</td><td>응고점</td><td>폭발속도</td></tr>
<tr><td>$C_2H_4(ONO_2)_2$</td><td>152</td><td>1.5</td><td>-</td><td>-</td><td>−22℃</td><td>7,800 m/s</td></tr>
<tr><td colspan="7">• 순수한 것은 무색이나 공업용은 담황색 또는 분홍색의 액체
• 물에는 녹지 않고 알코올, 아세톤, 벤젠에는 잘 녹는다.
• 마찰, 충격에 민감하고 산이 존재하면 분해되어 폭발하는 수도 있다.</td></tr>
<tr><td rowspan="3">질산메틸
[제5류
위험물]</td><td>화학식</td><td>분자량</td><td>증기비중</td><td>인화점</td><td>착화점</td><td>비점</td><td>연소범위</td></tr>
<tr><td>CH_3ONO_2</td><td>77</td><td>2.65</td><td>-</td><td>-</td><td>66℃</td><td>-</td></tr>
<tr><td colspan="7">• 무색투명한 액체로서 단맛이 있으며 방향성을 갖는다.
• 물에는 녹지 않으며 알코올, 에테르에는 잘 녹는다.
• 폭발성은 거의 없으나 인화의 위험성은 있다.</td></tr>
<tr><td rowspan="3">질산에틸
[제5류
위험물]</td><td>화학식</td><td>분자량</td><td>증기비중</td><td>인화점</td><td>착화점</td><td>비점</td><td>융점</td></tr>
<tr><td>$C_2H_5ONO_2$</td><td>91</td><td>3.14</td><td>10℃</td><td>-</td><td>88℃</td><td>−94.6℃</td></tr>
<tr><td colspan="7">• 무색투명한 액체로서 방향성을 갖는다.
• 물에는 녹지 않고 알코올에는 잘 녹는다.
• 10℃로서 인화점이 대단히 낮고(인화성 강) 연소하기 쉽다. (비점 이상 폭발)</td></tr>
</table>

<table>
<tr><th colspan="2">품명</th><th colspan="4">물성 및 성질</th></tr>
<tr><td rowspan="3"></td><td rowspan="3">니트로
셀룰로오스
[제5류
위험물]</td><td>화학식</td><td>착화점</td><td>비점</td><td>연소범위</td></tr>
<tr><td>$C_{24}H_{29}O_9(ONO_2)_{11} = [C_6H_7O_2(ONO_2)_3]_n$</td><td>180℃</td><td>-</td><td>-</td></tr>
<tr><td colspan="4">• 무색 또는 백색의 고체
• 물에는 약간 녹고 알코올, 아세톤에는 잘 녹는다.
• 셀룰로오스에 진한 황산과 진한 질산의 혼산으로 반응시켜 제조한 것이다.
• 물 또는 알코올로 습윤(통상적 : 이소프로필알코올 30%)시켜 저장한다. (폭발 방지)
• 130℃에서는 서서히 분해하여 180℃에서 불꽃을 내면서 급격히 연소한다.</td></tr>
</table>

XIII 각 위험물의 종류와 물성 (5)

<table>
<tr><th colspan="2">품명</th><th colspan="6">물성 및 성질</th></tr>
<tr><td rowspan="6">니
트
로
화
합
물</td><td rowspan="3">트리니트로
톨루엔
(TNT)
[제5류
위험물]</td><td>화학식</td><td>분자량</td><td>비중</td><td>인화점</td><td>착화점</td><td>비점</td></tr>
<tr><td>$C_6H_2CH_3(NO_2)_3$</td><td>227</td><td>1.66</td><td>-</td><td>300℃</td><td>280℃</td></tr>
<tr><td colspan="6">• 담황색의 침상결정으로 강력한 폭약이다.
• 충격에는 민감하지 않으나 급격한 타격에 의하여 폭발한다.
• 물에 녹지 않고, 알코올에는 가열하면 녹고, 아세톤, 벤젠, 에테르에 잘 녹는다.
• 일광에 의해 갈색으로 변하고 가열, 타격에 의하여 폭발한다.
• 충격 감도는 피크르산보다 약하다.
• TNT가 분해할 때 질소, 일산화탄소, 수소가스가 발생한다.</td></tr>
<tr><td rowspan="3">트리니트로
페놀
(TNP,
피크린산)
[제5류
위험물]</td><td>화학식</td><td>분자량</td><td>비중</td><td>인화점</td><td>착화점</td><td>융점</td></tr>
<tr><td>$C_6H_2(OH)(NO_2)_3$</td><td>229</td><td>1.8</td><td>－1℃</td><td>300℃</td><td>122.5℃</td></tr>
<tr><td colspan="6">• 광택 있는 황색의 침상결정이고 찬물에는 미량 녹으며 알코올, 에테르 온수에는 잘 녹는다.
• 니트로화합물류 중 분자구조 내에 히드록시기(-OH)를 갖는 위험물이다.
• 쓴맛과 독성이 있고 알코올, 에테르, 벤젠, 더운물에는 잘 녹는다.
• 단독으로 가열, 마찰 충격에 안정하고 연소 시 검은 연기를 내지만 폭발은 하지 않는다. (폭발온도 : 3,320℃, 폭발속도 : 7,359 m/s)
• 금속염과 혼합은 폭발이 심하며 가솔린, 알코올, 요오드, 황과 혼합하면 마찰, 충격에 의하여 심하게 폭발한다.</td></tr>
</table>

<table>
<tr><th colspan="2">품명</th><th colspan="6">물성 및 성질</th></tr>
<tr><td rowspan="6">유기과산화물</td><td rowspan="3">과산화메틸에틸케톤
(MEKPO)
[제5류 위험물]</td><td>화학식</td><td>분자량</td><td>비중</td><td>인화점</td><td>착화점</td><td>융점</td></tr>
<tr><td>$(CH_3COC_2H_5)_2O_2$</td><td>176</td><td>-</td><td>-</td><td>205℃</td><td>−20℃ 이하</td></tr>
<tr><td colspan="6">• 무색, 특이한 냄새가 나는 기름 모양의 액체
• 물에 약간 용해되며 알코올, 에테르, 케톤에는 녹는다.
• 빛, 열, 알칼리금속에 의하여 분해된다. (분해온도 : 40℃ 이상)
• 40℃ 이상 : 분해 시작 → 110℃ 이상 : 발열 및 분해가스 연소</td></tr>
<tr><td rowspan="3">아세틸퍼옥사이드
[제5류 위험물]</td><td>화학식</td><td>분자량</td><td>증기비중</td><td>인화점</td><td>발화점</td><td>성상</td></tr>
<tr><td>$(CH_3CO)_2O_2$</td><td>118</td><td>4.07</td><td>45℃</td><td>121℃</td><td>고체</td></tr>
<tr><td colspan="6">• 제5류 위험물의 유기과산화물로서 가연성 고체이다.
• 충격, 마찰에 의하여 분해되고 가열하면 폭발한다.
• 희석제인 DMF를 75% 첨가시켜서 0～5℃ 이하의 저온에서 저장한다.
• 화재 시 다량의 물로 냉각소화 한다.</td></tr>
<tr><td rowspan="3">히드록실아민</td><td rowspan="3">히드록실아민
[제5류 위험물]</td><td>화학식</td><td>분자량</td><td>비중</td><td>인화점</td><td>비점</td><td>융점</td></tr>
<tr><td>NH_2OH</td><td>31</td><td>-</td><td>-</td><td>142℃</td><td>33℃</td></tr>
<tr><td colspan="6">• 무색의 사방정계 결정으로 조해성이 있다.
• 물, 메탄올에는 녹고 온수에서는 서서히 분해한다.
• 130℃로 가열하면 폭발한다.</td></tr>
</table>

XIV 각 위험물의 종류와 물성 (1류-1)

<table>
<tr><th colspan="2">유별·품명</th><th colspan="4">물성 및 성질</th></tr>
<tr><td rowspan="6">제1류 위험물</td><td rowspan="3">아염소산칼륨</td><td>화학식</td><td>분자량</td><td></td><td>분해온도</td></tr>
<tr><td>$KClO_2$</td><td>106.5</td><td></td><td>160℃</td></tr>
<tr><td colspan="4">• 백색 침상결정 또는 분말
• 조해성/부식성/폭발위험(열, 충격)/이산화염소(ClO_2)의 유독가스 발생 (고온 분해)</td></tr>
<tr><td rowspan="3">아염소산나트륨
(아염소산소다)</td><td>화학식</td><td>분자량</td><td colspan="2">분해온도</td></tr>
<tr><td>$NaClO_2$</td><td>90.5</td><td colspan="2">수분이 포함될 경우 120～130℃
(무수물 : 350℃ 이상)</td></tr>
<tr><td colspan="4">• 무색 결정성 분말
• 비교적 안정(시판품의 140℃ 이상 온도 : 발열반응)
• 단독 폭발 가능(분해 온도 이상 : 산소 발생) // 수용액 : 강한 산성
• 유황, 유기물, 이황화탄소, 금속분 등 환원성 물질과 접촉 또는 혼합에 의하여 발화 또는 폭발한다.
• $3NaClO_2 + 2HCl \rightarrow 3NaCl + 2ClO_2$(유독가스 발생) $+ H_2O_2\uparrow$ (염산과의 반응)</td></tr>
</table>

유별·품명	물성 및 성질

염소산칼륨

화학식	분자량	비중	융점	용해도(20℃)	분해온도
$KClO_3$	122.5	2.33	368℃	7.3	400℃

- 무색 단사정계 판상결정 또는 백색분말
- 가열, 충격, 마찰 등 → 폭발 // 안정한 물질(상온)
- 냉수, 알코올(난용, 불용) / 온수, 글리세린(용해) / 주수소화 효과 가장 우수
- 목탄과 혼합 : 발화, 폭발 위험 // 장시간 일광 방치 시 → 분해 ($MClO_2$ 생성)
- 분해반응식 : $2KClO_3 \rightarrow 2KCl + 3O_2\uparrow$ (이산화망간 접촉 : 분해 촉진)
- $2KClO_3 \rightarrow KCl + KClO_4 + O_2\uparrow$ / $KClO_4 \rightarrow KCl + 2O_2\uparrow$ (540～560℃ 분해)
- $2KClO_3 + 2HCl \rightarrow 2KCl + 2ClO_2 + H_2O_2\uparrow$ (염산과의 반응)

염소산나트륨

화학식	분자량	비중	융점		분해온도
$NaClO_3$	106.5	2.5	250℃		300℃

- 무색무취 결정 또는 분말
- 물, 알코올, 에테르(용해) // 조해성 강함(→ 수분 접촉 피함)
- 분해를 촉진하는 약품류와의 접촉을 피한다.
- 용기 저장 시 : 밀폐(밀전), 밀봉(철제용기 부식 → 저장용기 부적합)
- 분해반응식 $2NaClO_3 \rightarrow 2NaCl + 3O_2\uparrow$
- $2NaClO_3 + 2HCl \rightarrow 2NaCl + 2ClO_2 + H_2O_2\uparrow$ (이산화염소 유독가스 발생)

염소산암모늄

화학식	분자량		분해온도
NH_4ClO_3	101.5		100℃

- 무색 결정
- 조해성 // 폭발성 // 수용액(산성) → 금속 부식
- 100℃ 폭발반응식 : $2NH_4ClO_3 \rightarrow N_2\uparrow + Cl_2\uparrow + O_2\uparrow + 4H_2O$

XV 각 위험물의 종류와 물성 (1류-2)

유별·품명	물성 및 성질

제1류 위험물 – 과염소산칼륨

화학식	분자량	비중	융점	분해온도
$KClO_4$	138.5	2.5	610℃	400～610℃

- 무색무취 사방정계 결정
- 물, 알코올, 에테르(불용)
- 탄소, 황, 유기물과 혼합(가열, 마찰, 충격) → 폭발
- 분해반응식 : $KClO_4 \rightarrow KCl + 2O_2\uparrow$ (산소 발생)

제1류 위험물 – 과염소산나트륨

화학식	분자량	비중	융점	분해온도
$NaClO_4$	122.5	2.5	482℃	400℃

유별·품명		물성 및 성질
		• 무색 또는 백색 결정 • 물, 아세톤, 알코올(용해) / 에테르(불용) // 조해성 • 분해반응식 : $NaClO_4$ → $NaCl$ + $2O_2$↑ (산소 발생)
	과염소산 암모늄	화학식: NH_4ClO_4 / 분자량: 117.5 / 비중: 1.87 / 분해온도: 130℃ • 무색 수용성 결정 • 물, 에탄올, 아세톤(용해) / 에테르(불용) • 충격에 비교적 안정 // 용도(폭약, 성냥 원료) • 130℃(분해 시작) → 300℃(급격 분해 : 산소 방출) → 400℃(발화) • 강한 충격 또는 분해온도 이상 가열 → 폭발 • 분해반응식 : NH_4ClO_4 → NH_4Cl + $2O_2$↑ (산소 발생) • $2NH_4ClO_4$ → N_2↑ + Cl_2↑ + $2O_2$↑ + $4H_2O$ (다량의 가스 발생)

XVI 각 위험물의 종류와 물성 (1류-3)

유별·품명			물성 및 성질

제1류 위험물	무기과산화물	과산화 칼륨 (과산화칼리)	화학식: K_2O_2 / 분자량: 110 / 비중: 2.9 / 분해온도: 490℃
			• 무색 또는 오렌지색 결정
			• 에틸알코올(용해) // 흡습성
			• 탄산가스 흡수(탄산염) // 피부 부식 // 다량일 경우(→ 폭발 위험)
			• 가연물과 혼합 시 마찰 및 소량의 물 접촉 → 발화 위험 // 용기(밀전 및 밀봉)
			• 소화방법 : 마른 모래, 암분, 탄산수소염류 분말약제, 팽창질석, 팽창진주암
			• 분해반응식 : $2K_2O_2$ → $2K_2O$ + O_2↑
			• $2K_2O_2$ + $2H_2O$ → $4KOH$ + O_2↑ + 발열 (물과의 반응)
			• $2K_2O_2$ + $2CO_2$ → $2K_2CO_3$ + O_2↑ (탄산가스와의 반응)
			• K_2O_2 + $2CH_3COOH$ → $2CH_3COOK$ + H_2O_2↑ (초산과의 반응)
			• K_2O_2 + $2HCl$ → $2KCl$ + H_2O_2↑ (염산과의 반응)
			• K_2O_2 + H_2SO_4 → K_2SO_4 + H_2O_2↑ (황산과의 반응)
			• K_2O_2 + $2C_2H_5OH$ → $2C_2H_5OK$ + H_2O_2↑ (알코올과의 반응)

		과산화 나트륨 (과산화소다)	화학식: Na_2O_2 / 분자량: 78 / 비중: 2.8 / 융점: 460℃ / 분해온도: 460℃ • 순수 백색 분말 (정방정계) / 보통 황백색 분말 (정방정계) • 물(용해) / 에틸알코올(불용) • 흡습성(백색 분말) // 목탄, 가연물과 접촉 시 : 발화 용이 • 유기물질, 황분, 알루미늄분 등의 혼입 차단 // 용기(밀전 및 밀봉) ※ 화학반응식 및 소화방법은 칼륨에 준한다.

<table>
<tr><th colspan="2">유별·품명</th><th colspan="6">물성 및 성질</th></tr>
<tr><td rowspan="12"></td><td rowspan="4">과산화칼슘</td><td>화학식</td><td>분자량</td><td>비중</td><td colspan="2"></td><td>분해온도</td></tr>
<tr><td>CaO_2</td><td>72</td><td>1.7</td><td colspan="2"></td><td>275℃</td></tr>
<tr><td colspan="6">• 백색 분말(무정형)
• 물, 알코올, 에테르에 녹지 않는다. (온수 분해) // 기타 과산화칼륨에 준한다.
• 분해반응식 : $2CaO_2 \rightarrow 2CaO + O_2\uparrow$
• $2CaO_2 + 2H_2O \rightarrow 2Ca(OH)_2 + O_2\uparrow$ + 발열 (수분 접촉 : 산소가스 발생)
• $CaO_2 + 2HCl \rightarrow CaCl_2 + H_2O_2\uparrow$ (염산과의 반응)</td></tr>
<tr><td colspan="6"></td></tr>
<tr><td rowspan="3">과산화바륨</td><td>화학식</td><td>분자량</td><td>비중</td><td>융점</td><td></td><td>분해온도</td></tr>
<tr><td>BaO_2</td><td>169</td><td>4.96</td><td>450℃</td><td></td><td>840℃</td></tr>
<tr><td colspan="6">• 백색 분말
• 냉수(약간 용해) / 온수(분해) / 묽은 산(용해)
• 유기물, 산과의 접촉을 피한다. // 금속용기[밀폐(밀전), 밀봉]
• 무기과산화물 중 분해온도가 가장 높다. (가장 안정)
• $BaO_2 + H_2SO_4 \rightarrow BaSO_4 + H_2O_2\uparrow$ (과산화수소 생성)
※ 그 외 화학반응식은 과산화칼슘에 준한다.</td></tr>
<tr><td rowspan="5">과산화마그네슘</td><td>화학식</td><td>분자량</td><td colspan="4" rowspan="2">※ 화학반응식은 과산화칼슘에 준한다.</td></tr>
<tr><td>MgO_2</td><td>56.6</td></tr>
<tr><td colspan="6">• 백색 분말
• 물(불용) // 시판품(15~20% 함유) // 습기나 물(활성 산소 방출)
• 분해촉진제 접촉 차단 // 유기물의 혼입, 가열, 마찰, 충격을 피한다.
• 산화제와 혼합하여 가열하면 폭발 위험이 있다.</td></tr>
</table>

XVII 각 위험물의 종류와 물성 (1류-4)

<table>
<tr><th colspan="2">유별·품명</th><th colspan="6">물성 및 성질</th></tr>
<tr><td rowspan="8">제1류 위험물</td><td rowspan="3">브롬산칼륨</td><td>화학식</td><td>분자량</td><td>비중</td><td>융점</td><td></td><td>분해온도</td></tr>
<tr><td>$KBrO_3$</td><td>167</td><td>3.27</td><td>438℃</td><td></td><td>370℃</td></tr>
<tr><td colspan="6">• 백색 결정(능면체) 또는 결정성 분말
• 유황, 숯, 마그네슘 및 알루미늄 분말, 유기물과 가열하면 폭발한다.</td></tr>
<tr><td rowspan="3">브롬산나트륨</td><td>화학식</td><td>분자량</td><td>비중</td><td>융점</td><td></td><td>분해온도</td></tr>
<tr><td>$NaBrO_3$</td><td>151</td><td>3.3</td><td>381℃</td><td></td><td>381℃</td></tr>
<tr><td colspan="6">• 무색 결정
• 물에 잘 녹는다.</td></tr>
<tr><td rowspan="2">브롬산바륨</td><td>화학식</td><td>분자량</td><td>비중</td><td colspan="2"></td><td>분해온도</td></tr>
<tr><td>$Ba(BrO_3)_2$</td><td>411</td><td>3.99</td><td colspan="2"></td><td>260℃</td></tr>
</table>

유별	품명	물성 및 성질			
		• 무색 결정 • 물에 약간 녹는다.			
	브롬산 아연	화학식	비중	융점	
		$Zn(BrO_3)_2 \cdot 6H_2O$	2.56	100℃	
		• 무색 결정 • 물에 잘 녹는다.			
	브롬산 마그네슘	화학식			분해온도
		$Mg(BrO_3)_2 \cdot 6H_2O$			100℃
		• 무색 또는 백색 결정 (200℃ 무수물)			
	요오드산 칼륨	화학식	분자량		분해온도
		KIO_3	214		560℃
		• 광택이 나는 무색 결정성 분말 (염소산칼륨보다는 위험성이 적다.) • 가연물과 혼합(폭발 위험) // 융점 이상 가열(산소 방출)			
	요오드산 나트륨	화학식	분자량		
		$NaIO_3$	198		
		• 백색 결정 또는 분말 • 물(용해) / 알코올(불용) // 용도(의약, 분석시약)			
	요오드산 칼슘	화학식	분자량	융점 (무수물)	
		$Ca(IO_3)_2 \cdot 6H_2O$	498	42℃ (575℃)	
		• 조해성 결정 • 물에 녹는다.			
	기타 요오드산염류	※ 요오드산암모늄 / 요오드산마그네슘 / 요오드산바륨			

XVIII 각 위험물의 종류와 물성 (1류-5)

유별	품명	물성 및 성질					
제1류 위험물	질산칼륨 (초석)	화학식	분자량	비중	융점		분해온도
		KNO_3	101	2.1	336℃		400℃
		• 무색 결정 또는 백색 결정 // 차가운 느낌의 자극 및 짠맛 • 물, 글리세린(용해) / 알코올(불용) • 강산화제 / 가연물과 접촉 : 위험 / 티오황산나트륨과 가열 : 폭발 • 흑색화약 제조(황과 숯가루 혼합) • 소화방법 : 주수소화 • 분해반응식 : $2KNO_3 \rightarrow 2KNO_2 + O_2\uparrow$ (산소 발생)					

유별·품명		물성 및 성질					
	질산나트륨 (칠레초석)	화학식	분자량	비중	융점		분해온도
		$NaNO_3$	85	2.26	308℃		380℃
		• 무색무취 결정 • 물, 글리세린(용해) / 무수알코올(불용) • 강산화제 // 조해성 • 가연물, 유기물과 혼합하여 가열하면 폭발한다. • 분해반응식 : $2NaNO_3 \rightarrow 2NaNO_2 + O_2\uparrow$ (산소 발생)					
	질산암모늄 (초안·질안)	화학식	분자량	비중	융점		분해온도
		NH_4NO_3	80	1.73	169.5℃		220℃
		• 무색무취 결정 • 물, 알코올(용해) (물 용해 시 흡열반응) • 조해성 및 흡수성이 강하다. • 유기물과 혼합·가열 : 폭발 // 급격한 가열 또는 충격 : 분해 폭발 • 질산암모늄(94%) + 경유(6%) : 안포폭약(ANFO) 제조 • 분해반응식 : $NH_4NO_3 \rightarrow N_2O + 2H_2O\uparrow$ $\Rightarrow$ (재가열) $2N_2O \rightarrow 2N_2\uparrow + O_2\uparrow$ • 폭발반응식 : $2NH_4NO_3 \rightarrow 4H_2O + 2N_2\uparrow + O_2\uparrow$ (산소 발생)					
	질산은	화학식	분자량	비중	융점		
		$AgNO_3$	170	4.35	212℃		
		• 무색무취 투명한 결정 • 물, 아세톤, 알코올, 글리세린(용해) • 갈색병 보관(햇빛에 의한 변질 방지) • 용도(사진감광제, 부식제, 은도금, 분석시약, 살균제, 살충제) • 분해반응식 : $2AgNO_3 \rightarrow 2Ag + 2NO_2\uparrow + O_2\uparrow$ (산소 발생)					

XIX 각 위험물의 종류와 물성 (1류-6)

유별·품명		물성 및 성질					
제1류위험물	중크롬산 칼륨	화학식	분자량	비중	융점		분해온도
		$K_2Cr_2O_7$	298	2.69	398℃		500℃
		• 등적색 판상결정 • 물(용해) / 알코올(불용) • 분해반응식 : $4K_2Cr_2O_7 \rightarrow 2Cr_2O_3 + 4K_2CrO_4 + 3O_2\uparrow$ (산소 발생)					
	중크롬산 나트륨 (아염소산소다)	화학식	분자량	비중	융점		분해온도
		$Na_2Cr_2O_7$	294	2.52	356℃		400℃
		• 등적색 결정 • 흡습성 // 유기물과 혼합(가열 마찰) → 발화 또는 폭발					

<table>
<tr><th colspan="2">유별·품명</th><th colspan="5">물성 및 성질</th></tr>
<tr><td rowspan="10"></td><td rowspan="3">중크롬산
암모늄</td><td>화학식</td><td>분자량</td><td>비중</td><td></td><td>분해온도</td></tr>
<tr><td>$(NH_4)_2Cr_2O_7$</td><td>252</td><td>2.15</td><td></td><td>185℃</td></tr>
<tr><td colspan="5">• 적색 또는 등적색(오렌지색)의 단사정계 침상결정
• 약 225℃에서 가열 분해 → 질소가스(N_2) 발생
• 에틸렌, 수산화나트륨, 히드라진과는 혼촉, 발화한다.
• 용도(그라비아 인쇄의 사진제판, 매염제, 피혁가공, 석유정제, 불꽃놀이 제조)
• 분해반응식 : $(NH_4)_2Cr_2O_7 \rightarrow Cr_2O_3 + N_2 + 4H_2O$</td></tr>
<tr><td rowspan="3">과망간산
칼륨
(카멜레온)</td><td>화학식</td><td>분자량</td><td>비중</td><td></td><td>분해온도</td></tr>
<tr><td>$KMnO_4$</td><td>158</td><td>2.7</td><td></td><td>240℃</td></tr>
<tr><td colspan="5">• 흑자색 사방정계 결정
• 물, 알코올(용해) (진한 보라색) // 산화력과 살균력이 강하다.
• 알코올, 에테르, 글리세린 등 유기물과의 접촉을 피한다.
• 목탄, 황 등의 환원성 물질과 접촉 시 충격에 의해 폭발 위험이 있다.
• 분해반응식 : $2KMnO_4 \rightarrow K_2MnO_4 + MnO_2 + O_2\uparrow$ (산소 발생)
• $4KMnO_4 + 6H_2SO_4 \rightarrow 2K_2SO_4 + 4MnSO_4 + 6H_2O + 5O_2\uparrow$ (묽은 황산과 반응)
• $4KMnO_4 + 2H_2SO_4 \rightarrow 2K_2SO_4 + 4MnO_2 + 2H_2O + 3O_2\uparrow$ (진한 황산과 반응)
• $2KMnO_4 + H_2SO_4 \rightarrow K_2SO_4 + 2HMnO_4$ (진한 황산과 반응 : 폭발적 반응) $\Rightarrow 2HMnO_4 \rightarrow Mn_2O_7 + H_2O \Rightarrow 2Mn_2O_7 \rightarrow 4MnO_2 + 3O_2\uparrow$
• $4KMnO_4 + 12HCl \rightarrow 4KCl + 4MnCl_2 + 6H_2O + 5O_2\uparrow$ (산소 발생)</td></tr>
<tr><td rowspan="3">과망간산
나트륨</td><td>화학식</td><td>분자량</td><td colspan="2"></td><td>분해온도</td></tr>
<tr><td>NH_4ClO_3</td><td>142</td><td colspan="2"></td><td>170℃</td></tr>
<tr><td colspan="5">• 적자색 결정
• 물(용해) // 조해성 강함(수분에 주의)</td></tr>
<tr><td>기타
과망간산염류</td><td colspan="5">※ 과망간산(암모늄/바륨/칼슘/아연)</td></tr>
</table>

XX 각 위험물의 종류와 물성 (1류-7)

<table>
<tr><th colspan="3">유별·품명</th><th colspan="5">물성 및 성질</th></tr>
<tr><td rowspan="5">제
1
류
위
험
물</td><td rowspan="5">과요오드산
염류</td><td rowspan="3">과요오드산
칼륨</td><td>화학식</td><td>분자량</td><td></td><td>융점</td><td>분해온도</td></tr>
<tr><td>KIO_4</td><td>230</td><td></td><td>582℃</td><td>300℃ 이상</td></tr>
<tr><td colspan="5">• 정방정계 결정 // 물(난용)</td></tr>
<tr><td rowspan="2">과요오드산
나트륨</td><td>화학식</td><td>분자량</td><td></td><td></td><td>분해온도</td></tr>
<tr><td>$NaIO_4$</td><td>214</td><td></td><td></td><td>175℃</td></tr>
</table>

<table>
<tr><th colspan="2">유별·품명</th><th colspan="5">물성 및 성질</th></tr>
<tr><td></td><td></td><td colspan="5">• 정방정계 결정 // 물에 대한 용해도(14.4)
• 175℃에서 분해하여 산소를 잃는다.</td></tr>
<tr><td colspan="2" rowspan="3">과요오드산</td><td>화학식</td><td>분자량</td><td></td><td></td><td>분해온도</td></tr>
<tr><td>HIO_4</td><td>192</td><td></td><td></td><td>138℃</td></tr>
<tr><td colspan="5">• 무색 결정 또는 분말 // 물, 알코올(용해) / 에테르(약간 용해)
• 110℃에서 승화하고 138℃에서 분해하여 산소를 잃는다.</td></tr>
<tr><td rowspan="5">크롬, 납 및 요오드의 산화물</td><td rowspan="3">삼산화크롬</td><td>화학식</td><td>분자량</td><td></td><td>융점</td><td>분해온도</td></tr>
<tr><td>CrO_3</td><td>100</td><td></td><td>196℃</td><td>250℃</td></tr>
<tr><td colspan="5">• 암적색 침상결정 // 물, 알코올, 에테르, 황산(용해)
• 크롬산화성 크기 : $CrO < Cr_2O_3 < CrO_3$
• 유황, 목탄분, 적린, 금속분, 강력한 산화제, 유기물, 인, 피크르산, 가연물과 혼합하면 폭발의 위험이 있다.
• 유기물과 환원제 → 격렬 반응 // 강한 환원제 → 폭발
• 제4류 위험물과 접촉 → 발화 // 물과 접촉 → 격렬 발열
• 소화방법 : 다량의 물로 냉각소화 [삼산화크롬(무수크롬산) 소량일 경우]
• 분해반응식 $4CrO_3 \rightarrow 2Cr_2O_3 + 3O_2\uparrow$ (융점 이상 & 250℃ 가열)</td></tr>
<tr><td>이산화납
(PbO_2)</td><td colspan="5">• 흑갈색 결정 또는 분말 // 염산 반응 → 산소, 염소가스 발생</td></tr>
<tr><td>사산화삼납
(Pb_3O_4)</td><td colspan="5">• 적색 분말 // 습기 반응 → 오존 생성
• 가수분해 → 황산암모늄, 과산화수소 생성</td></tr>
<tr><td rowspan="4">아질산염류</td><td>아질산칼륨
(KNO_2)</td><td colspan="5">• 무색 단사결정 // 조해성
• 냉수, 가열한 에틸알코올, 액체 암모니아(용해)</td></tr>
<tr><td>아질산나트륨
(KNO_2)</td><td colspan="5">• 무색 결정
• 물(용해)</td></tr>
<tr><td>아질산암모늄
(NH_4NO_2)</td><td colspan="5">• 무색 결정 // 조해성
• 냉수(용해)</td></tr>
<tr><td>아질산은
($AgNO_2$)</td><td colspan="5">• 담황색 사방정계 결정 // 분해온도(140℃)
• 냉수(불용) // 직사광선에 의한 분해 → 검은색 변함</td></tr>
<tr><td>염소화이소시아눌산</td><td>OCNClONCl
CONCl</td><td colspan="5">• 백색 분말
• 인체 부식성 가연물 혼합 → 발화(맹렬히 반응)</td></tr>
<tr><td rowspan="3">퍼옥소이황산염류</td><td>$K_2S_2O_8$
(과산화이황산칼륨)</td><td colspan="5">• 무색 결정 // 물(용해)
• 산화성 : $H_2O_2 < KS_2O_8$ // 칼륨염(100℃에서 분해)</td></tr>
<tr><td>$Na_2S_2O_8$
(과산화이황산나트륨)</td><td colspan="5">• 무색 결정 // 습기 반응 → 오존 생성
• 가수분해 → 황산암모늄, 과산화수소 생성</td></tr>
<tr><td>$(NH_4)_2S_2O_8$
(과산화이황산암모늄)</td><td colspan="5">• 무색 결정 // 물(용해) // 금속 접촉 → 분해
• 가열, 마찰, 충격에 의한 분해 → 산소 방출</td></tr>
<tr><td colspan="7">퍼옥소붕산염류(Ⅱ) 및 차아염소산염류(Ⅰ)</td></tr>
</table>

XXI 각 위험물의 종류와 물성 (2류-1)

<table>
<tr><th colspan="3">유별·품명</th><th colspan="6">물성 및 성질</th></tr>
<tr><td rowspan="12">제2류 위험물</td><td rowspan="9">황화린</td><td rowspan="3">삼황화린</td><td>화학식</td><td>분자량</td><td>비중</td><td>착화점</td><td>비점</td><td>융점</td></tr>
<tr><td>P_4S_3</td><td>220</td><td>2.03</td><td>100℃</td><td>407℃</td><td>172.5℃</td></tr>
<tr><td colspan="6">• 황색 결정 또는 분말
• CS_2, 알칼리, 질산(용해) / 물, 염소, 황산(불용)
• 마찰에 의한 연소 용이 / 자연발화성(가열, 습기 방지 및 산화제와의 접촉 피함)
• 저장 시 → 금속분 차단 // 용도(성냥, 유기합성)
• 연소반응식 : $P_4S_3 + 8O_2 \rightarrow 2P_2O_5 + 3SO_2\uparrow$ (오산화인 및 아황산가스 발생)</td></tr>
<tr><td rowspan="3">오황화린</td><td>화학식</td><td>분자량</td><td>비중</td><td>착화점</td><td>비점</td><td>융점</td></tr>
<tr><td>P_2S_5</td><td>222</td><td>2.09</td><td>142℃</td><td>514℃</td><td>29℃</td></tr>
<tr><td colspan="6">• 담황색 결정
• 알코올, CS_2(용해) // 조해성 및 흡습성
• 연소반응식 : $2P_2S_5 + 15O_2 \rightarrow 2P_2O_5 + 10SO_2\uparrow$ (아황산가스 발생)
• $P_2S_5 + 8H_2O \rightarrow 5H_2S + 2H_3PO_4\uparrow$ (황화수소 및 인산 생성)
• $2H_2S + 3O_2 \rightarrow 2SO_2 + 2H_2O\uparrow$ (아황산가스, 물 생성)
• $P_2S_5 + 8NaOH \rightarrow H_2S + 2H_3PO_4 + 4Na_2S$ (황화수소 및 인산 생성)</td></tr>
<tr><td rowspan="3">칠황화린</td><td>화학식</td><td>분자량</td><td>비중</td><td>착화점</td><td>비점</td><td>융점</td></tr>
<tr><td>P_4S_7</td><td>348</td><td>2.19</td><td>-</td><td>523℃</td><td>310℃</td></tr>
<tr><td colspan="6">• 담황색 결정
• CS_2(약간 용해) // 조해성
• 냉수(서서히 분해) / 온수(급격 분해) → 황화수소와 인산 발생 // 수분 흡수
• 황린(P_4)과 혼합 → 자연발화</td></tr>
<tr><td colspan="2" rowspan="3">적린
(붉은인)</td><td>화학식</td><td>원자량</td><td>비중</td><td>착화점</td><td>융점</td><td></td></tr>
<tr><td>P</td><td>31</td><td>2.2</td><td>260℃</td><td>600℃</td><td></td></tr>
<tr><td colspan="6">• 암적색 무취 분말
• 물, 알코올, 에테르, 이황화탄소(CS_2), 암모니아(불용)
• 강알칼리와 반응 → 포스핀(PH_3) 가스 발생
• 이황화탄소(CS_2), 황(S), 암모니아(NH_3)와 접촉 → 발화
• 강산화제[Na_2O_2, $NaClO_2$]와 혼합 → 발화(저온 또는 충격, 마찰)
• 강산화제[염소산염류, 과염소산염류]와 혼합 → 폭발(약간의 가열, 충격, 마찰)
• 질산칼륨(KNO_3), 질산나트륨($NaNO_3$)과 혼촉 → 발화 위험
• 적린(P) 제조법 → 황린(P_4)을 공기차단하고 260℃ 가열 후 냉각
• 공기 중 방치 → 자연발화(×)
• 260℃ 이상 가열하면 발화하고 400℃ 이상에서 승화한다.
• 제1류 위험물, 산화제와 혼합 차단 // 폭발성·가연성 물질과 격리 저장
• 소화방법 : 다량의 물로 냉각소화 // 모래나 CO_2 효과(적린 소량의 경우)
• 연소반응식 : $4P + 5O_2 \rightarrow 2P_2O_5$ [오산화인(인산무수물) 생성)]
• $6P + 5KClO_3 \rightarrow 5KCl + 3P_2O_5$ (강산화제와의 혼합 반응식)</td></tr>
</table>

XXII 각 위험물의 종류와 물성 (2류-2)

<table>
<tr><th colspan="3">유별·품명</th><th colspan="6">물성 및 성질</th></tr>
<tr><td rowspan="22">제
2
류
위
험
물</td><td rowspan="10">유
황</td><td rowspan="3">단사황</td><td>화학식</td><td>원자량</td><td>비중</td><td>착화점</td><td>비점</td><td>융점</td></tr>
<tr><td>S</td><td>32</td><td>1.96</td><td>-</td><td>445℃</td><td>119℃</td></tr>
<tr><td colspan="6">• 단사정계(바늘모양) // 물(불용) // 전이온도(95.5℃)</td></tr>
<tr><td rowspan="3">사방황</td><td>화학식</td><td>분자량</td><td>비중</td><td>착화점</td><td>비점</td><td>융점</td></tr>
<tr><td>S</td><td>32</td><td>2.07</td><td>-</td><td>-</td><td>113℃</td></tr>
<tr><td colspan="6">• 사방정계(팔면체) // 물(불용) // 전이온도(95.5℃)</td></tr>
<tr><td rowspan="3">고무상황</td><td>화학식</td><td>분자량</td><td>비중</td><td>착화점</td><td>비점</td><td>융점</td></tr>
<tr><td>S</td><td>32</td><td>-</td><td>360℃</td><td>-</td><td>-</td></tr>
<tr><td colspan="6">• 비정계(무정형) // 물, CS_2(불용) // 전이온도(－)</td></tr>
<tr><td colspan="7">• 황색 결정 또는 미황색 분말
• 물, 산(불용) / 알코올(약간 용해) / CS_2에 잘 녹는다. (고무상황 제외)
• 매우 연소하기 쉬운 가연성 고체 연소 시 → 유독한 이산화황(SO_2) 발생
• 공기 중 부유 시(분말상태 및 밀폐공간) → 분진폭발 발생
• 가열, 마찰, 충격, 화기에 주의(산화제와의 혼합 → 착화 및 발화)
• 탄화수소, 강산화제, 유기과산화물, 목탄분 등과의 혼합을 피한다.
• 소화방법 : 건조사 질식소화(소규모 화재) / 다량의 물로 분무 소화(주수 시)
• 저장, 취급 주의사항(가열하지 말고 산화제와의 접촉 피함 / 분진폭발 및 정전기 축적 주의)
• 연소반응식 $S + O_2 \rightarrow SO_2$ (유독한 아황산가스 발생)
• $SO_2 + H_2O \rightarrow H_2SO_3$
• $H_2 + S \rightarrow H_2S\uparrow$ + 발열 // $Fe + S \rightarrow FeS$ + 발열 // $C + 2S \rightarrow CS_2$ + 발열 (고온)</td></tr>
<tr><td rowspan="12">인
화
성
고
체</td><td rowspan="2">고형
알코올</td><td colspan="6">정의 : 합성수지에 메탄올을 혼합 침투시켜 한천상으로 만든 것</td></tr>
<tr><td colspan="6">• 30℃ 미만에서 가연성의 증기를 발생하기 쉽고 매우 인화되기 쉽다.
• 가열 또는 화염에 의해 화재 위험성이 높다.
• 화기에 주의하고 서늘하고 건조한 곳에 저장한다.
• 강산화제와의 접촉을 방지한다.
• 소화방법 : 알코올형포, 포말, CO, 건조분말이 적합하다.</td></tr>
<tr><td rowspan="3">메타
알데히드</td><td>화학식</td><td>분자량</td><td>인화점</td><td>융점</td><td colspan="2">비점</td></tr>
<tr><td>$(CH_3CHO)_4$</td><td>176</td><td>36℃</td><td>246℃</td><td colspan="2">112～116℃</td></tr>
<tr><td colspan="6">• 무색 침상 또는 판상 결정 // 물, 에테르, 에탄올, 벤젠(불용)
• 일부 분해(80℃)하여 인화성이 강한 액체인 아세트알데히드로 변하여 더욱 위험하다.</td></tr>
<tr><td rowspan="3">제삼부틸
알코올</td><td>화학식</td><td>분자량</td><td>인화점</td><td>융점</td><td colspan="2">비점</td></tr>
<tr><td>$(CH_3)_3COH$</td><td>74</td><td>11℃</td><td>25.6℃</td><td colspan="2">83℃</td></tr>
<tr><td colspan="6">• 무색 고체 // 물보다 가볍고 물에 잘 녹는다.
• 가연성 증기 발생 용이(상온) / 증기는 공기보다 무거워서 낮은 곳에 체류함.
• 인화 폭발 위험이 크다(밀폐공간). / 연소열량이 커서 소화가 곤란하다.</td></tr>
</table>

XXIII 각 위험물의 종류와 물성 (3류-1)

유별·품명		물성 및 성질
제3류 위험물	황린 (백린 or 인) [지정수량 20 kg]	(아래 참조)

화학식	발화점	비중	비점	융점	증기비중
P_4	34℃	1.82	280℃	44℃	4.4

- 백색 또는 담황색 자연발화성 고체
- pH = 9(약알칼리) 정도의 물속에 저장한다. (보호액이 증발하지 않도록)
- pH = 9(약알칼리)인 물속 저장 → 포스핀(PH_3) 가스 생성 방지
- 벤젠, 알코올(일부 용해) / 이황화탄소, 삼염화인, 염화황(잘 용해)
- 증기는 공기보다 무겁고 자극적, 맹독성 물질
- 발화점이 매우 낮다. / 공기 중 방치 → 액화 후 자연발화(○)
- 유황, 산소, 할로겐 → 격렬 반응 (산소와 결합 시 산화열이 크다.)
- 공기 중에 노출되지 않도록 하고 유기과산화물, 산화제, 가연물과 격리한다.
- 황린(P_4)을 공기차단하고 260℃ 가열 → 적린(P) 생성
- 강산화성 물질과 수산화나트륨(NaOH)과 혼촉 → 발화 위험 가능
- 치사량이 0.02 ~ 0.05 g이면 사망한다.
- 공기 중에서 연소 시 오산화인의 흰 연기를 발생한다. (260℃ 가열)
- 강알칼리용액과 반응하면 유독성의 포스핀가스를 발생한다.
- 소화방법 : 물, 포, CO_2, 건조분말 소화약제 유효(초기소화)
- 연소반응식 $P_4 + 5O_2 \rightarrow 2P_2O_5 + 2 \times 370.8$ kcal
- $P_4 + 3KOH + 3HO \rightarrow PH_3\uparrow + 3KH_2PO_2$ (유독한 PH_3 발생)

※ 적린(P)과 황린(P_4)의 비교
- 적린은 황린에 비하여 안정하다.
- 적린과 황린은 모두 물에 녹지 않는다.
- 연소할 때 황린과 적린은 모두 P_2O_5의 흰 연기를 발생한다.
- 비중과 융점(녹는점)은 적린이 크다.

종류 \ 항목	화학식	색상	독성	연소 생성물	CS_2에 대한 용해도	위험 등급
황린	P_4	백색 or 담황색	있음	P_2O_5	용해(○)	I
적린	P	암적색	없음	P_2O_5	용해(×)	II

XXIV 위험물의 화학반응식 (3류-1)

품명	화학반응식
칼륨	• 연소반응식 $4K + O_2 \rightarrow 2K_2O$(회백색) • $2K + 2H_2O \rightarrow 2KOH + H_2\uparrow + 92.8\,kcal$ (물과 반응 : 수소가스 발생) • $4K + 3CO_2 \rightarrow 2K_2CO_3 + C$ (이산화탄소와 반응 : 연소 폭발) • $4K + CCl_4 \rightarrow 4KCl + C$ (사염화탄소와 반응 : 폭발) • $2K + Cl_2 \rightarrow 2KCl$ (염소와 반응) • $2K + 2C_2H_5OH \rightarrow 2C_2H_5OK$(칼륨에틸라이트) $+ H_2\uparrow$ (알코올과 반응 : 수소 발생) • $2K + 2CH_3COOH \rightarrow 2CH_3COOK + H_2\uparrow$ (초산과의 반응) • $2K + 2NH_3 \rightarrow 2KNH_2$(칼륨아미드) $+ H_2\uparrow$ (암모니아와의 반응) ※ 나트륨 : 칼륨 화학반응식과 동일 ('K' 위치에 대입)
알킬알루미늄	• 연소반응식 $2(CH_3)_3Al + 12O_2 \rightarrow Al_2O_3 + 9H_2O + 6CO_2\uparrow$ (공기와의 반응) • 폭발반응시(200℃) $2(C_2H_5)_3Al \rightarrow 2Al + 3H_2 + 6C_2H_4\uparrow$ (에틸렌) • $(CH_3)_3Al + 3H_2O \rightarrow Al(OH)_3 + 3CH_4\uparrow$ (물과의 반응 : 메탄 발생) • $(CH_3)_3Al + 3HCl \rightarrow AlCl_3 + 3CH_4\uparrow$ (염산과 반응 : 메탄 발생) • $(CH_3)_3Al + 3Cl_2 \rightarrow AlCl_3 + 3CH_3Cl\uparrow$ (염소와 반응) ⇒ 물 및 염산과 반응 : 메탄(CH_4) 발생 • $(C_2H_5)_3Al + 3H_2O \rightarrow Al(OH)_3 + 3C_2H_6\uparrow$ (물과의 반응 : 에탄 발생) • $(C_2H_5)_3Al + 3HCl \rightarrow AlCl_3 + 3C_2H_6\uparrow$ (염산과 반응 : 에탄 발생) • $(C_2H_5)_3Al + 3CH_3OH \rightarrow Al(CH_3O)_3 + 3C_2H_6\uparrow$ (메틸알코올과 반응 : 에탄 발생) ⇒ 물, 알코올 및 염산과 반응 : 에탄(C_2H_6) 발생
황린	• 연소반응식 $P_4 + 5O_2 \rightarrow 2P_2O_5 + 2\times370.8\,kcal$ [오산화인(흰 연기) 생성)] • $P_4 + 3KOH + H_2O \rightarrow PH_3\uparrow + 3KH_2PO_2\uparrow$ (강알칼리용액과 반응 : 포스핀 발생)
알칼리금속류 (칼륨, 나트륨 제외) 및 알칼리토금속	• $2Li + 2H_2O \rightarrow 2LiOH + H_2\uparrow$ (물과의 반응 : 수소가스 발생) • $Ca + 2H_2O \rightarrow Ca(OH)_2 + H_2\uparrow$ (물과의 반응 : 수소가스 발생) ※ 칼슘 : 은백색 육방정계 결정 // 전성, 연성이 있는 무른 경금속 // 마른 모래(질식소화)
유기금속화합물	• 사에틸납[$(C_2H_5)_4Pb$] / 트리메틸칼륨[$(CH_3)_3K$] / 디메틸텔르륨[$Te(CH_3)_2$] • 디메틸아연[$(CH_3)_2Zn$] / 디에틸아연[$(C_2H_5)_2Zn$] / 디메틸수은[$(CH_3)_2Hg$] • 디메틸주석[$(CH_3)_2Sn$] / 디에틸주석[$(C_2H_5)_2Sn$] / 디메틸카드뮴[$Cd(CH_3)_2$]

XXV 위험물의 화학반응식 (3류-2)

<table>
<tr><th>품명</th><th colspan="2">화학반응식</th></tr>
<tr><td>금속의
수소화물</td><td colspan="2">• 열분해반응식(120～150℃) $LiAlH_4 \rightarrow Li + Al + 2H_2\uparrow$ (수소화알루미늄리튬 열분해)
• $KH + H_2O \rightarrow KOH + H_2\uparrow$ (물과의 반응 : 수소가스 발생)
• $KH + NH_3 \rightarrow KNH_2$(칼륨아미드) $+ H_2\uparrow$ (암모니아와 반응 : 수소가스 발생)
• $CaH_2 + 2H_2O \rightarrow Ca(OH)_2 + 2H_2\uparrow$ (물과의 반응 : 수소가스 발생)
• $LiAlH_4 + 4H_2O \rightarrow LiOH + Al(OH)_3 + 4H_2\uparrow$ (물과의 반응 : 수소가스 발생)</td></tr>
<tr><td>금속의
인화물</td><td colspan="2">• $Ca_3P_2 + 6H_2O \rightarrow 3Ca(OH)_2 + 2PH_3\uparrow$ (물과의 반응 : 포스핀 가스 발생)
* 포스핀의 연소반응식 : $2PH_3 + 4O_2 \rightarrow P_2O_5 + 3H_2O\uparrow$ (오산화인 생성)
• $Ca_3P_2 + 6HCl \rightarrow 3CaCl_2 + 2PH_3\uparrow$ (염산과 반응 : 포스핀가스 발생)
• $AlP + 3H_2O \rightarrow Al(OH)_3 + PH_3\uparrow$ (물과의 반응 : 포스핀가스 발생)</td></tr>
<tr><td rowspan="2">칼슘 또는
알루미늄
탄화물</td><td colspan="2">• $CaC_2 + 2H_2O \rightarrow Ca(OH)_2 + C_2H_2\uparrow + 27.8\ kcal$ (물과의 반응 : C_2H_2 가스 발생)
* 아세틸렌의 연소반응식 : $2C_2H_2 + 5O_2 \rightarrow 4CO_2 + 2H_2O$
• $CaC_2 + N_2 \rightarrow CaCN_2$(석회질소) $+ C$(탄소) $+ 74.6\ kcal$ (700℃ 이상에서 반응)
• $C_2H_2 + 2Ag \rightarrow Ag_2C_2 + H_2\uparrow$ (은아세틸레이드 : 폭발물질) (금속과의 반응)
- 구리(동), 은 및 수은과 접촉하면 금속 아세틸레이드를 생성하므로 위험하다.
• $Al_4C_3 + 12H_2O \rightarrow 4Al(OH)_3 + 3CH_4\uparrow + 360\ kcal$ (물과의 반응 : 메탄가스 발생)</td></tr>
<tr><td>기타
금속탄화물과
물과의
반응식</td><td>• 아세틸렌(C_2H_2)가스 발생 물질(Li_2C_2, Na_2C_2, K_2C_2, MgC_2, CaC_2)
- $Li_2C_2 + 2H_2O \rightarrow 2LiOH + C_2H_2\uparrow$
- $MgC_2 + 2H_2O \rightarrow Mg(OH)_2 + C_2H_2\uparrow$
• 메탄(CH_4)가스를 발생하는 물질(Be_2C, Al_4C_3)
- $Be_2C + 4H_2O \rightarrow 2Be(OH)_2 + CH_4\uparrow$
- $Al_4C_3 + 12H_2O \rightarrow 4Al(OH)_2 + 3CH_4\uparrow$
• 메탄(CH_4)과 수소(H_2)가스를 발생하는 물질(Mn_3C)
- $Mn_3C + 6H_2O \rightarrow 3Mn(OH)_2 + CH_4\uparrow + H_2\uparrow$</td></tr>
<tr><td>염소화규소
화합물</td><td colspan="2">• 트리클로로실란
<table><tr><th>화학식</th><th>인화점</th><th>발화점</th><th>증기비중</th><th>비점</th><th>융점</th><th>연소범위</th></tr><tr><td>$HSiCl_3$</td><td>－28℃</td><td>182℃</td><td>4.67</td><td>32℃</td><td>－127℃</td><td>7～83%</td></tr></table>- 냄새가 나는 휘발성, 발연성, 자극성, 가연성 무색 액체
- 벤젠, 에테르, 클로로포름, 사염화탄소(용해) // 액체비중 1.34
- 물보다 무거우며 물과 접촉 시 분해하며 공기 중 쉽게 증발한다.
- 점화원에 의해 일시에 번지며 심한 백색연기를 발생한다.
- 물과 심하게 반응 시 ⇒ 부식성, 자극성의 염산 생성
- 산화성 물질과 접촉 시 ⇒ 폭발적 반응 및 아세톤, 알코올과 반응
- 물, 알코올, 강산화제, 유기화합물, 아민과 철저히 격리한다.
- 6% 중팽창포 사용 가능(건조분말, CO_2 및 할로겐 소화약제 효과 없음)
- 밀폐 소구역에서는 분말, CO_2가 유효하다.
• 클로로실란(SiH_4Cl)
- 무색 휘발성 액체 // 물(불용) // 인화성, 부식성 // 산화성 물질 → 맹렬히 반응</td></tr>
</table>

CHAPTER

2 원소주기율표

주기(Period) ↓ 족(Group) →	1	2	3	4	5	6	7	8	9	10	11	12	13	14	15	16	17	18
1	1 **H**																	2 **He**
2	3 **Li**	4 **Be**											5 **B**	6 **C**	7 **N**	8 **O**	9 **F**	10 **Ne**
3	11 **Na**	12 **Mg**											13 **Al**	14 **Si**	15 **P**	16 **S**	17 **Cl**	18 **Ar**
4	19 **K**	20 **Ca**	21 **Sc**	22 **Ti**	23 **V**	24 **Cr**	25 **Mn**	26 **Fe**	27 **Co**	28 **Ni**	29 **Cu**	30 **Zn**	31 **Ga**	32 **Ge**	33 **As**	34 **Se**	35 **Br**	36 **Kr**
5	37 **Rb**	38 **Sr**	39 **Y**	40 **Zr**	41 **Nb**	42 **Mo**	43 **Tc**	44 **Ru**	45 **Rh**	46 **Pd**	47 **Ag**	48 **Cd**	49 **In**	50 **Sn**	51 **Sb**	52 **Te**	53 **I**	54 **Xe**
6	55 **Cs**	56 **Ba** *	71 **Lu**	72 **Hf**	73 **Ta**	74 **W**	75 **Re**	76 **Os**	77 **Ir**	78 **Pt**	79 **Au**	80 **Hg**	81 **Tl**	82 **Pb**	83 **Bi**	84 **Po**	85 **At**	86 **Rn**
7	87 **Fr**	88 **Ra** **	103 **Lr**	104 **Rf**	105 **Db**	106 **Sg**	107 **Bh**	108 **Hs**	109 **Mt**	110 **Ds**	111 **Rg**	112 **Cn**	113 **Nh**	114 **Fl**	115 **Mc**	116 **Lv**	117 **Ts**	118 **Og**

6 *	57 **La**	58 **Ce**	59 **Pr**	60 **Nd**	61 **Pm**	62 **Sm**	63 **Eu**	64 **Gd**	65 **Tb**	66 **Dy**	67 **Ho**	68 **Er**	69 **Tm**	70 **Yb**
7 **	89 **Ac**	90 **Th**	91 **Pa**	92 **U**	93 **Np**	94 **Pu**	95 **Am**	96 **Cm**	97 **Bk**	98 **Cf**	99 **Es**	100 **Fm**	101 **Md**	102 **No**

□ 비금속 원소
□ 알칼리금속 원소
□ 알칼리토금속 원소
□ 전이금속 원소
□ 악티늄족 원소
□ 란타넘족 원소
□ 비활성기체 원소
□ 준금속 원소
□ 할로젠 원소
□ 전이후금속 원소
□ 미분류

찾아보기

ㅌ

ㅍ

ㅎ

저 자
오태선 군장대학교 신재생에너지화공계열 교수

NCS 기반 **위험물 관리** 정가 15,000원

발 행 2021년 3월 10일 초판 1쇄
저 자 오태선
발행인 정우용
발행처 도서출판 **동화기술**
경기도 파주시 광인사길 201(문발동, 파주출판도시)
Tel (031)955-4211~6 donghwapub@nate.com
Fax (031)955-4217 www.donghwapub.co.kr
(등록) 1977년 12월 19일/9-16호

ISBN 978-89-425-9305-7

본 교재는 2020년 대학 산학관 커플링사업(신재생에너지기술 인력양성사업)의 지원으로 제작 되었습니다.